JN171607

発酵検定
公式テキスト

監修
一般社団法人 日本発酵文化協会

はじめに

日本をはじめ世界にはたくさんの発酵食品が存在します。
そんな発酵食品を作り上げているのは、
微生物の力によるものがほとんどです。
「発酵食品の基本知識を学びたい」
「発酵食品を家で簡単に作ってみたい」
という多くの声に応え、発酵について簡単に学べる
「発酵検定」が誕生しました。
発酵食品の種類、発酵期間、効率的な食べ方、選び方、
正しい保存方法など、日々の生活に密接している
発酵食品の知識を学べます。
「発酵検定」で発酵について知り、
日々の食生活に発酵食品を取り入れましょう！

本書の使い方

本書は「発酵検定」の公式テキストです。試験のための学習に用いるのはもちろん、日々の食生活に役立つ発酵食品についての知識を得ることができます。各章の概要は以下の通りです。

第1章
発酵の基本についての章です。発酵とは何なのか、また発酵の仕組みや種類についても学んでいきます。

第2章
発酵食品図鑑として、醤油や味噌、清酒をはじめとした代表的な発酵食品について解説しています。

第3章
郷土発酵食を紹介する章です。日本の各地方で古くから根付いている発酵食品について解説しています。

第4章
世界の発酵食についての章です。アジア、ヨーロッパ、その他の地域に分けて発酵食品を紹介しています。

第5章
発酵の歴史についての章です。人類がいつから、どうやって発酵食品を利用してきたのかについて学びます。

第6章
発酵と栄養についての章です。発酵食品が人間にもたらす効果や多分野での発酵の利用について学びます。

Column
各ページの合間にはコラムとして、発酵に関するうんちくやこぼれ話を紹介しています。

「発酵検定」と「発酵マイスター養成講座」

「発酵検定」は「一般社団法人 日本発酵文化協会」が監修する検定です。

日本発酵文化協会は、日本の伝統食文化における「発酵食」の健康に対する優位性に着目し、発酵の正しい知識や発酵食の継承、開発、普及を目指す団体です。

発酵検定は、発酵に関する入門レベルの知識を学べる内容にしています。そして、もっと掘り下げて学びたい方は、発酵マイスター養成講座へ進んでいただくと、微生物の働きについても学んでいくことができます。当協会は、発酵マイスター検定制度を世界で初めて立ち上げ、さらなる日本の発酵文化の進展を目指し、発酵のエキスパートの人材育成を目的に「発酵マイスター養成講座」を開催。発酵マイスター認定の機関として設立されました。

「発酵マイスター養成講座」は日本発酵文化協会認定の公式資格「発酵マイスター」を取得するための講座で、発酵の魅力をより生活に密着した形で学びます。本書はこの「発酵マイスター養成講座」の公式テキストをもとに構成しています。

本書を読んで「発酵」に興味を持った方は、ぜひ「発酵検定」を受検して、さらに「発酵マイスター養成講座」の門を叩いてみてください。

発酵についてより究めるなら

日本発酵文化協会では、発酵について段階的に学べる各種講座を開設しています。詳細は日本発酵文化協会の公式サイトをご覧ください。

楽しむ・知る

ベーシック講座　発酵教室

日本古来の発酵食品の中でも代表的な麹・甘酒・味噌・醤油の４つの教室を開講しています。発酵マイスター養成講座を受講するための必須基本科目です。

深く知る・学ぶ

発酵マイスター養成講座

発酵教室だけでは学びきれない発酵の魅力を、より生活に密着した形で学べる講座です。受講後に合格すると、日本発酵文化協会認定の公式資格を取得できます。

研究する・伝える

発酵プロフェッショナル養成講座

発酵マイスターの資格を取得した人のみが受講できます。発酵文化の素晴らしさをより多くの人々に広めることのできるプロフェッショナルを育てます。

資格習得までの流れ

◎発酵マイスター

講座受講
（ベーシック講座 発酵教室を４教室）

▼

発酵マイスター養成講座

▼

修了試験＋課題提出

▼

合格後資格取得

◎発酵プロフェッショナル

発酵マイスター資格取得

▼

発酵プロフェッショナル
養成講座

▼

一次試験（筆記テスト）

▼

二次試験（面接・課題提出）

▼

合格後資格取得

日本発酵文化協会 公式サイト https://hakkou.or.jp/

発酵検定
公式テキスト

Contents

第1章 発酵の基本

第2章 発酵食品図鑑

醤油

味噌

第3章 郷土発酵食

第4章 世界の発酵食

第5章 発酵の歴史

第6章 発酵と栄養

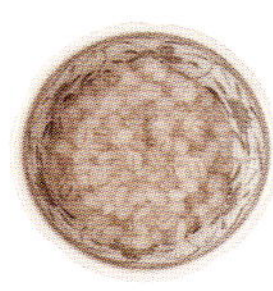

Column

発酵食品図鑑の見かた

第2章 発酵食品図鑑（P.33～）では、概ね下記の構成で発酵食品について解説しています。

1 かつお節（ぶし）

主な原料	カツオ
発酵・熟成期間	6～12カ月
エネルギー	356kcal
食塩相当量	0.3g

2

世界で最もかたい食品

カツオの肉を加熱して乾燥させた保存食品。発祥の地はモルディブ共和国といわれ、食生活にかつお節が根付いているのはモルディブと日本だけです。日本で 3 事記」に「堅魚」として登 し、燻煙による加工法が開発されたのは江戸時代中期。カツオをゆでて干した生利節、それを燻して乾かした荒節、荒節にカビを1度つけた枯節、2度以上つけた本枯節があります。発酵食品は枯節、本枯節のみです。

かつお節の主な種類

荒節　カツオを煮詰めてから燻製にしたもの。強い香りでコクのある出汁が取れ、関西で好まれます。味噌汁や煮物に適しています。

枯節　カツオを煮詰めてから燻製にし、カビ付けしたもの。まろやかな香りで上品な味の出汁が取れ、関東で好まれます 4 お浸しやお吸い物に。

まぐろ節　キハダマ 料にしたもの。かつお節に比べて色 淡くあっさりとした出汁が取れ、お吸い物に適しています。削り節は飾り用にも。

そうだ節　ソウダガツオを原料にしたもの。独特のコクやうま味がある出汁が取れ、そばやうどんの出汁として使われています。

さば節　主にゴマサバを原料にしたもの。カツオに比べて脂肪分が多く、甘みやコクの強い出汁が取れます。温かいうどんの出汁に適しています。

保存方法

カビがつき 5 ので、荒節は冷蔵保存。本 高温多湿を避けて冷暗所で しましょう。

栄養成分と健康・美容効果

栄養成分はタンパク質、カリウム、リン、ビ 6 B6・B12・D・Eなど。食欲 するヒスチジンというアミノ酸が含まれます。

こぼれ話

「花がつお」として販売されているかつお節は 7 削ったもの。出汁用ではな お好み焼きなどにトッピングとして使われます。

70

❶ 発酵食品名

一般的な名称で表記しています。

❷ 基本情報

主な原料、発酵・熟成期間、エネルギー、食塩相当量を表記しています。エネルギーと食塩相当量は原則として「日本食品標準成分表2015年版（七訂）」より引用し、可食部100g中の数値です。一部は監修者が算出した数値を表記しています。

❸ 特徴

発酵食品の産地や来歴、製造法などについて解説しています。

❹ 主な種類や効果

その発酵食品の種類や効果を解説しています。

❺ 保存方法

適切な保存方法を紹介しています。ただし商品により異なる場合がありますので、各商品の表示に従って保存してください。

❻ 栄養成分と健康・美容効果

栄養成分は「日本食品標準成分表2015年版(七訂)」より抜粋しています。また、その発酵食品を摂取することにより期待できる健康効果や美容効果を紹介しています。

❼ こぼれ話

さらにその発酵食品の知識を深めることができる情報を紹介しています。

第1章

発酵の基本

味噌や漬物など、私たちの身近にある発酵食品。摂取すると体によいことは知られていますが、そもそも発酵とは何なのでしょうか。この章では発酵の仕組みや種類についてみていきます。

発酵とは

食材などを全く異なる風味や成分に変えてしまう発酵。この現象は微生物の力によって引き起こされます。一方、食べ物が腐るのも微生物が原因です。この2つの現象は一体何が違うのでしょうか。

“ 発酵は生物の生命活動！ ”

「発酵」は微生物の作用によって有機物が分解され変化し、なんらかの物質が生成される現象を表します。その中でも主に、嫌気的（けんきてき）条件下（酸素が存在しない環境）で糖などを分解し、それにより生ずるエネルギーを獲得する過程をいいます。生化学では、好気的（こうきてき）条件下（酸素が存在する環境）で有機物を分解してエネルギーを取り出す「呼吸」、光エネルギーによって二酸化炭素から糖を合成する「光合成」に並び、生物の三大生命活動の一つといわれています。

発酵の例を挙げると、酵母によって糖からアルコールと炭酸ガスを生成する「アルコール発酵」や、乳酸菌によって糖から乳酸を生成する「乳酸発酵」、酢酸菌によってアルコールから酢酸を生成する「酢酸発酵」などがあります。

生物の三大生命活動

	呼吸	発酵	光合成
生物	・動物 ・植物 ・微生物	・微生物	・植物 ・ラン藻 など
活動	好気的条件下で有機物を酸化させる。	有機物を別の形に変換させる。	光エネルギーを用いて、二酸化炭素から糖を合成する。
目的	・エネルギー獲得	・エネルギー獲得	・有機物の生産 ・光エネルギーの固定

“呼吸より前に発酵が行われていた？”

大気中に酸素が出現したのは、30億年前にラン藻（シアノバクテリア）が発生し、光合成を始めた後といわれています。その前の酸素が存在しなかった時代には、酸素を使わずに有機物を分解してエネルギーを獲得していました。これが「嫌気呼吸」、すなわち発酵です。発酵は光合成や呼吸よりもはるか昔から行われていたと考えられています。

ところで、発酵は長い間、嫌気的条件下で起こる有機物の分解であると定義されてきました。これはフランスの科学者ルイ・パスツールが、19世紀に唱えた説がもとになっています。しかし今日の発酵をみる限り、必ずしも嫌気的条件下での現象とはいえません。

例えば嫌気的条件下での発酵の代表例は、アルコール発酵や乳酸発酵ですが、逆に黒麹菌（くろこうじきん）による「クエン酸発酵」、クモノスカビによる「フマル酸発酵」、細菌による「グルタミン酸発酵」など、好気的条件下で起こる発酵も存在します。これらは酸素を必要とする点でこれまでの定義には当てはまりませんが、人にとって有益な物質が生産されるという点から、今日では発酵の領域に含まれています。

以上のことより、微生物の持つ機能を広く物質の生成に応用し、人によって有益なものに利用することを広義的に「発酵」と呼ぶことができるでしょう。

Column

発酵を意味する英語の語源は「湧く」

発酵は英語で「fermentation」といいます。これはラテン語で「湧く」「沸き立つ」を意味する「fervere」が語源です。アルコール発酵の際に生じる炭酸ガスが泡となって浮いてくる現象を見て、そのように名付けられたと考えられています。約8000年前にはワイン、約6000年前にはすでにビールづくりが始まっていたとされており、このときのアルコールはワインやビールだったのかもしれません。

一方、日本酒の世界でも発酵を「湧く」と表現します。清酒を製造する過程で酒母をつくる際、酵母が増殖し発酵が盛んになり、発生する炭酸ガスによって表面が泡立った状態を「湧付き（わきつき）」といいます。

“発酵と腐敗の違いって？”

発酵と腐敗は、実は同じ現象です。どちらも「微生物の生命活動の一環で、微生物の作用により有機物を分解し、新しい物質が生成される」という科学的現象であり、違いはありません。では､何によって両者は区別されるのでしょうか。その答えは、生成された新しい物質が人間にとって有益か有害かということです。

例えば、16世紀後半に来日したイエズス会の宣教師ルイス・フロイスが日本について残したメモには「我々においては、魚の腐敗した臓物は嫌悪すべきものとされる。日本人はそれを肴として用い、非常に喜ぶ」と記述があります。これは塩辛のことを指すと考えられ、日本人にとっては発酵食品ですが、ポルトガル人にとっては腐敗物と判断されたということがわかります。このように現在でも、文化によって発酵食品とみなされるものは変わってきます。

発酵は食材の味、香り、色などを人にとって有益なものに変化させます。また食品だけでなく、サプリメントや薬、洗剤などにも多く利用されています。こういった発酵を行う微生物のことを総称して「発酵菌」と呼びます。一方、腐敗はタンパク質やアミノ酸などを分解し、硫黄水素やアンモニア、メルカプトエタノールなどの腐敗臭を発生させます。最終的には食べられない有害なものに変化させますが、こういった腐敗を行う微生物のことを総称して「腐敗菌」と呼びます。条件を整えれば発酵菌は腐敗菌よりも生命力が強く、腐敗菌の侵入を防ぐことができます。そのため、発酵食品は一般的に保存性が高いのです。

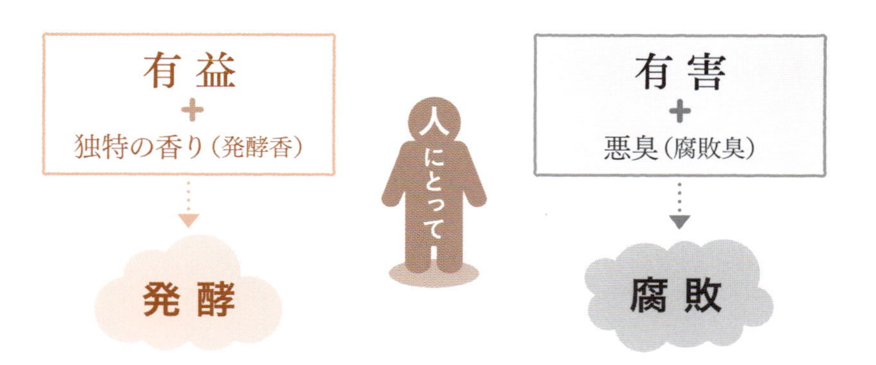

発酵食品と臭いの関係

微生物が食品中の成分を分解・変化させた発酵食品は、特殊な臭いを持つものが多いといえます。日本の発酵食品の中でもくさや、納豆などはアミンや硫化物、アンモニアなどの刺激臭が強いため、これを悪臭と感じる人もいて、好き嫌いがはっきりと分かれます。

臭くて食べられないかどうか、その境界線は自身の置かれた環境やバックグラウンドにある食文化によって、大きく変化します。世界には、慣れ親しんでいない人にとっては想像を絶するほど臭いの強い発酵食品が多く存在し、その地域の人々に長らく食べられています。

主な臭い食べ物

※数字はアラバスター単位（Au）による測定

食品名	主な国・地域	内容	臭いの強さ
シュールストレミング P.101	スウェーデン	ニシンを塩漬けにして缶の中で発酵させたもの。漬物の一種。	8070Au
ホンオフェ P.96	韓国	ガンギエイの身を発酵させたもの。	6230Au
エピキュアーチーズ	ニュージーランド	缶の中で長期熟成し発酵させたチーズ。	1870Au
キビヤック P.102	デンマーク・グリーンランド（カラーリット民族）、カナダ（イヌイット民族）、アメリカ・アラスカ州（エスキモー民族）	ウミスズメの一種をアザラシの腹の中に詰め、地中に埋めて発酵させたもの。漬物の一種。	1370Au
くさや	日本・伊豆諸島	くさや液と呼ばれる発酵した液体に生魚を一晩浸した後、天日干しにしたもの。	1267Au（焼きたて）447Au（焼く前）
ふなずし P.85	日本・滋賀県	塩漬けにしたフナを米飯と一緒に発酵させたもの。なれずしの一種。	486Au
納豆 P.66	日本	大豆を納豆菌によって発酵させたもの。	452Au
臭豆腐（しゅうどうふ） P.97	台湾、中国、香港	発酵した液体に豆腐を一晩浸したもの。	420Au

発酵と微生物

これまで、発酵は微生物が引き起こすと述べましたが、そもそも微生物とは何なのでしょうか。作用する環境やつくりだすものなど、さまざまな特徴を持つ微生物についてみていきましょう。

“微生物とは”

微生物とは、極微小な生物の総称です。個体が小さすぎて肉眼では明瞭に識別できない生物に対する一般用語であり、純生物学的な区分ではありません。そのため、微生物として取り扱われる範囲は分類学的に広い範囲にわたっており、学者によってもその範囲は異なります。

生物の分類で多く用いられているのが、1990年にアメリカの微生物学者カール・ウーズが唱えた3ドメイン説です。これは生物界を「真核生物」、「真正細菌」、「古細菌」の3つに分けるもの。真核生物は細胞の中に核を持つ生物で、その中のカビやキノコ、酵母といった菌類や原生植物は微生物です。核を持たない真正細菌と古細菌はすべてが微生物で、発酵にかかわる微生物も多く含まれます。

生物界の3つのグループ

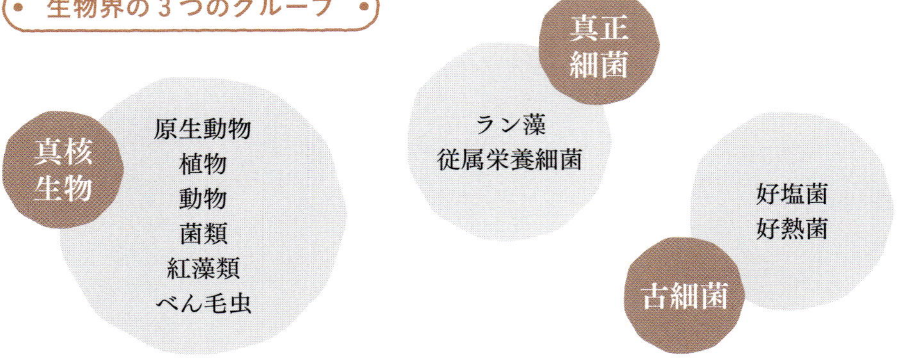

真核生物
原生動物
植物
動物
菌類
紅藻類
べん毛虫

真正細菌
ラン藻
従属栄養細菌

古細菌
好塩菌
好熱菌

発酵食品にかかわる三大微生物

微生物のうち、発酵食品にかかわるものを大きく以下の3つに分類することができます。細菌は真正細菌、酵母菌とカビは真核生物に属するといわれています。

分類	特徴	大きさ	主な発酵菌
細菌（バクテリア）	単細胞。形は球菌、桿菌、ラセン状菌などさまざま。細胞分裂増殖。分裂速度が非常に速い。	約1μm×10μm	乳酸菌、酢酸菌、納豆菌、放線菌など
酵母菌（イースト）	単細胞。形はレモン型、卵型、ソーセージ型などさまざま。酵母の増殖時の形の違いによって出芽酵母と分裂酵母に分けられる。	約5μm×10μm	サッカロミセス・セレビジエ（出芽酵母）、サッカロミセス・サケ（出芽酵母）、チゴサッカロミセス・ルーキシィ（出芽酵母）、シゾサッカロミセス・ポンベ（分裂酵母）など
カビ（モールド）	多細胞。胞子が発芽して菌糸を出し、その菌糸が胞子をつくり出すということを繰り返して増殖する。好気性。	約5μm×200μm	麹菌、ブルーチーズのアオカビ、カツオブシカビなど

主な発酵食品と関係する微生物

発酵食品	細菌	酵母菌	カビ
醤油	乳酸菌	醤油酵母	醤油麹菌
味噌	乳酸菌	味噌酵母	黄麹菌
日本酒	（乳酸菌）	清酒酵母	黄麹菌
焼酎	—	焼酎酵母	黒麹菌・白麹菌
醸造酢	乳酸菌・酢酸菌	醸造用酵母	—
ぬか漬け	乳酸菌・酪酸菌	産膜酵母	—
かつお節	—	—	カツオブシカビ
納豆	納豆菌	—	—
ビール	—	ビール酵母	—
ワイン	（乳酸菌）	ワイン酵母	—
パン	—	パン酵母	—
ヨーグルト	乳酸菌	—	—
チーズ	乳酸菌	—	—
ブルーチーズ	乳酸菌	—	アオカビ
キムチ	乳酸菌	—	—

主な発酵菌について知ろう

発酵菌とは、発酵にかかわる微生物のことです。その中でも、ここでは食品の発酵にかかわる発酵菌についてそれぞれ見ていきましょう。

乳酸菌

乳酸菌(にゅうさんきん)とは、糖類をエサにエネルギーを得て、乳酸を生成する細菌類のことです。乳酸菌が生成する乳酸はpH（水素イオン指数、酸・アルカリの度合い）を低下させて、その食品を酸性に近づけます。食中毒を引き起こす菌や腐敗菌など、有害な微生物はほとんどが酸性では増殖できないため、乳酸菌は腐敗を防いでくれるのです。

乳酸菌が注目されるようになったのは、ロシアの生物学者メチニコフが唱えた「不老長寿説」がきっかけです。メチニコフは、ブルガリアで乳酸菌を豊富に含むヨーグルトを常食している人に長寿者が多いことを発見、調査。1907年に、ヨーグルトに含まれる乳酸菌を摂取することが長寿の秘訣であることを著書「不老長寿論」で発表しました。

乳酸菌はヨーグルトに限らず、漬物や味噌、醤油などにも生息。分類方法はさまざまですが、野菜の表面などから分離される乳酸菌を「植物性乳酸菌」、乳製品などから分離される乳酸菌を「動物性乳酸菌」と呼ぶことがあります。

乳酸菌の特徴

耐熱性

主に30～40℃が適温ですが、80℃近い高温でも繁殖できる乳酸菌が存在。反対に4～5℃でも繁殖するものもあり、種類はさまざまです。

耐酸性

pH2.5程度までは生育でき、胃酸のような強酸性下では死滅する菌が多数。しかし現在では胃酸に強い乳酸菌を使ったヨーグルトも販売されています。

嫌気性

乳酸菌は基本的には嫌気性で、酸素のない環境下で活動します。しかし好気性の乳酸菌や、どちらの環境でも繁殖できる通性嫌気性菌も存在します。

乳酸菌の5つのグループ

属	特徴	主な乳酸菌
ラクトバチルス属	ヨーグルトや漬物をつくる。人や動物の腸内、植物の表面にも生息する。	ラクトバチルス・ブルガリスク、ラクトバチルス・ヨグルティー、ラクトバチルス・アシドフィルス、ラクトバチルス・プランタルム、ラクトバチルス・カゼイ亜種ヒオチ
ビフィドバクテリウム属	ヨーグルトに添加される。通称ビフィズス菌。	ビフィドバクテリウム・ビフィダム、ビフィドバクテリウム・ロンガム、ビフィドバクテリウム・ブレーベ、ビフィドバクテリウム・インファンティス、ビフィドバクテリウム・アドレッセンティス
ラクトコッカス属	牛乳や乳製品に多く生息する。	ラクトコッカス・ラクチス亜種ラクティス、ラクトコッカス・ラクチス亜種クレモリス
ペディオコッカス属	味噌・醤油などに生息。塩分濃度の高い環境下でも繁殖できる。	ペディオコッカス・ハロフィルス（現在はテトラジェノコッカス・ハロフィルス）
ロイコノストック属	漬物などに多く生息する。	ロイコノストック・メセンテロイデス

Column

日本酒の天敵“火落ち”

清酒づくりの現場では、しばしば「火落ち」といわれる現象に悩まされてきました。これはアルコールのある環境で良好に育成するラクトバチルス属の乳酸菌が原因で、これが清酒をつくる過程で混入すると清酒に濁りと臭み、酸味が発生してしまうというものです。

原因となる乳酸菌は「火落ち菌」と呼ばれます。1956年、この菌は「火落ち酸」という麹が生成する物質をエサにすることが微生物学者の田村学造によって発見されました。火落ち酸は、現在では「メバロン酸」といわれています。

この火落ちを防ぐため、清酒の製造工程では「火入れ」といわれる作業を行います。65℃前後で加熱殺菌を行い、火落ち菌を死滅させるものです。この火入れの技法そのものは平安時代後期から存在したといわれています。

酢酸菌

酢酸菌（さくさんきん）とは、アルコールや糖類をエサにエネルギーを得て、酢酸を生成する好気性細菌のことです。

代表的な酢酸菌として、食酢を醸造する際に用いられるアセトバクター・アセチがあり、これは花の蜜や傷ついた果実などにも存在します。つくりたてのシードルやビールにもよく見られ、液体では表面に膜をつくる形で成長します。

酢酸菌は主にアルコールを酸化するアセトバクター属と、糖類を酸化するグルコノバクター属に分けられます。

酢酸菌の特徴

耐酸性

多くの細菌の最適な pH は 6.0 ～ 7.5 程度の中性ですが、酢酸菌は自らが酸を生成するため耐酸性です。pH4 以下でも繁殖できるものもあります。

耐アルコール性

酢酸菌は耐アルコール性なので、アルコールから酢酸を生成することができます。ワインなどのアルコール飲料に酢酸菌が作用すると酢ができます。

好気性

酢酸菌は酸素のある環境で繁殖する細菌です。表面に膜を張るように広がり、空気中の酸素を取り込んでアルコールを酢酸に変化させています。

酢酸菌によって作られる主な発酵食品

発酵食品	原料	酢酸菌	説明
米酢	米・麹	アセトバクター・アセチ	米を原料に作られた酢。米のみで作られた場合は純米酢という。
ワインビネガー	ワイン	アセトバクター・アセチ	ワインに酵母や酢酸菌を加えて発酵、短期熟成させたもの。
モルトビネガー	大麦、麦汁のアルコール発酵物	アセトバクター・アセチ	麦芽酢。主にイギリスで作られる。もともとはビールが酢酸発酵したもので、現在は発酵前の麦芽浸出液（ビールの原料）から作られる。
バルサミコ酢	ブドウの濃縮果汁のアルコール発酵物	アセトバクター・アセチ、グルコノアセトバクター・エウロピアス	成熟したブドウの果実を絞り、煮詰めて樽でアルコール発酵、樽を何度も替えながら長期熟成させたもの。

納豆菌

納豆菌は納豆づくりに欠かせない細菌で、真正細菌である枯草菌、バチルス・サブチリスの一種。分類名をバチルス・サブチリス・ナットウといいます。稲わらに生息し、稲わら1本に約1000万個が芽胞（耐久性のある細胞構造）の状態で付着。納豆1gには約20億個の納豆菌が存在します。

納豆菌の特徴

耐熱性

40℃が適温で最も繁殖しますが、芽胞の状態では100℃でも死滅しません。納豆菌の芽胞は、約120℃で15分間加熱してようやく死滅します。

耐酸性

芽胞をつくり休眠状態になると、温度だけでなく酸にも強い状態になります。そのため胃酸に耐えることができ、胃を通って腸に達してから発芽します。

好気性

耐塩性がない

繁殖力が強い

酪酸菌

酪酸菌とは、酪酸を生成する嫌気性細菌のこと。強酸・強アルカリ、乾燥条件下などでは芽胞の状態で存在し、環境が良好になると改めて生育を開始します。そのため動物の消化管内常在菌として知られています。日本では宮入菌という菌の芽胞を製剤化し、整腸剤に用いられています。

酪酸菌の特徴

耐酸性

芽胞の状態で酸の強い胃を通過し、腸内に生きたまま届くことができます。嫌気性なので、ほぼ酸素のない大腸で発芽・増殖し、腸内環境を整えます。

耐塩性

耐塩性でぬか床にも多く生息。産膜酵母とともに悪臭の原因になるので、嫌気性の酪酸菌が多量に増殖しないようぬか床は毎日かき混ぜることが必要。

腸内常在菌

酪酸菌は腸のいやし菌といわれ、善玉菌の繁殖を助け、腸の粘膜を修復します。そのため、がん細胞の増殖を妨ぐといわれています。

酵母菌

酵母菌（こうぼきん）は一般に「酵母」といわれるもので、糖類をエサにエネルギーを得てアルコールと炭酸ガスを生成します。発酵食品の製造に使われている酵母は、主にサッカロミセス属という糖類を取り込んで発酵する酵母です。ビール酵母、ワイン酵母、清酒酵母、ウイスキー酵母、醤油酵母などがあり、それぞれに適した酵母が使い分けられています。

酸素を必要とする産膜酵母もありますが、大部分は酸素がなくても嫌気的発酵（アルコール発酵）で生育できます。

自宅で梅酒などをつくる際は、酵母による発酵を防ぐため、使用するアルコールは20度以上と定められています。

酵母菌の特徴

耐強酸性

酵母菌はpH4.0～4.5の酸性を好みます。また酵母菌によっては、乳酸菌のつくり出したpH2.0の強酸性環境でも繁殖することができます。

耐熱性がない

酵母菌の活動の適温は20～30℃です。40℃を超えると活動が停止し、60℃前後の比較的低温でも十数分で死滅する酵母菌がほとんどです。

耐アルコール性がない

アルコール度数が3～4%を超えると活動が止まる酵母もあります。

耐塩性

Column

イーストと天然酵母

イーストは「酵母」の英訳ですが、パンの製造にかかわる際には「イースト（イースト菌）」という言葉を使用することが多いです。

ドライイーストや生イーストは自然界に存在する酵母菌の中から、発酵力の強い菌を選んで純粋培養したものです。これらは短時間で、安定して発酵させることができます。一方、天然酵母パンの製造に使われる天然酵母は、果実や穀物等に付着している酵母を使用したものです。強い発酵力は望めないので、長時間発酵させる必要があります。

天然酵母は純粋培養されていないため、酵母以外の微生物が混在しています。それらが意外な香りを生成し、香りがよくうま味のある天然酵母パンができ上がることがあります。ただし、不安定なので使用には注意が必要です。

アオカビ

不完全菌類モニリア目アオカビ属（ペニシリウム属）のカビの総称です。外見が青緑色をしており、パンなどの食品や皮革製品に発生します。

ブルーチーズの製造に用いられ、使用されるアオカビはブルーチーズの種類ごとに異なります。代表的なロックフォール、ゴルゴンゾーラ、スティルトンは世界三大アオカビチーズといわれています。また、世界で初めての抗生物質であるペニシリンは、アオカビの一種から発見されました。

クモノスカビ

接合菌類ケカビ目に属するカビの総称です。自然界に広く分布し、外見がクモの巣のような形であることからこの名前が付きました。湿った有機物の表面に出現する、ごく普通のカビで、空中雑菌として出現することも多いです。

後述する麹菌を使う日本以外のアジア全域において、発酵食品にこのクモノスカビが用いられます。中国では紹興酒などの酒の醸造で麹に用いられたり、インドネシアではゆでた大豆に生やしてテンペという食品をつくります。

ベニコウジカビ

子嚢（しのう）菌類コウジカビ目ベニコウジ属（モナスクス属）のカビの総称です。外見が紅色をしており、ベニコウジ色素としていろいろな食品の着色料としても使われています。

中国や台湾で作られる紅酒（アンチュウ）という醸造酒の麹にも使用されます。最初は紅色をしていますが、１～２年ほど貯蔵すると黄金色に変化します。また沖縄では、発酵食品の豆腐ようの一部にベニコウジカビの紅麹が古くから用いられ、紅麹で発酵させた豆腐ようは紅色をしています。

麹菌

麹菌（こうじきん）はアスペルギルス属に分類される不完全菌の一群で、先述したアオカビなどと同じカビの仲間です。一部が、麹として味噌や醤油、清酒をつくるために用いられてきたことからこの名が付きました。

増殖するために菌糸の先端から、デンプンやタンパク質などを分解するさまざまな酵素を生成・放出します。そして培地である蒸米や蒸麦のデンプンやタンパク質を分解し、生成するブドウ糖やアミノ酸を栄養源として増殖します。

アスペルギルス属のカビの中には、人に感染して病気を引き起こすものやカビ毒を生成するものもあります。しかし、麹菌はもともと米麹から分離されたカビであり、現在では麹をつくるカビのみを麹菌と呼んでいます。

麹菌の特徴

微酸性を好む

総じて微酸性の環境を好みます。また黒麹菌・白麹菌などはクエン酸発酵が強く、もろみのpHを下げて有害菌の侵入を防ぎます。

耐熱性がない

麹菌は28～32℃程度で活発に生育します。温度を上げて45℃前後になると菌体は死滅しますが、胞子は80℃前後まで生き続けます。

耐塩性がない

麹菌自体は耐塩性（たいえんせい）がないため、塩分濃度が高い環境では死滅します。しかし麹菌が生成した酵素は活動を続け、おいしい味噌や醤油ができるのです。

酵素を生成する

麹菌は繁殖時に多種類の酵素を生成します。発酵食品の製造において、菌体が死滅した後も分解作用が継続するのは、この酵素のおかげです。麹菌が生成する酵素には、タンパク質を分解する酵素のプロテアーゼや、デンプンを分解する酵素のアミラーゼなどがあります。プロテアーゼはプロティナーゼとペプチターゼに分かれ、プロティナーゼはタンパク質を可溶化しペプチドを生成。ペプチターゼはペプチドから各種アミノ酸を遊離させます。

麹菌の生成する三大酵素

● タンパク質分解酵素（プロテアーゼ）
大豆などの食品タンパク質を分解して、うま味であるアミノ酸に変化させます。

● デンプン分解酵素（アミラーゼ）
米などの食品のデンプン質を分解し、甘みであるブドウ糖に変化させます。

● 脂肪分解酵素（リパーゼ）
食品に含まれる脂肪を分解し、脂肪酸とグリセロールに変化させます。

主な麹菌

麹菌	学術名	和名	特徴	主な製品
ニホンコウジカビ	アスペルギルス・オリゼー *Aspergillus oryzae*	黄麹菌（きこうじきん）	タンパク質をアミノ酸に、デンプンをブドウ糖に分解する性質が強い。	清酒、味噌、甘酒、みりん
ショウユコウジカビ	アスペルギルス・ソーエ *Aspergillus sojae*	醤油麹菌	タンパク質をアミノ酸に分解する性質が特に強い。	醤油
タマリコウジカビ	アスペルギルス・タマリィ *Aspergillus tamarii*	黄麹菌	タンパク質をアミノ酸に分解する性質が特に強い。	たまり味噌、たまり醤油
アワモリコウジカビ	アスペルギルス・リュウキュウエンシス *Aspergillus luchuensis*	黒麹菌（くろこうじきん）、白麹菌（しろこうじきん）	デンプンをブドウ糖に分解する性質が強い。クエン酸発酵が強い。	泡盛、焼酎
ショウチュウコウジカビ	アスペルギルス・ウサミ *Aspergillus usami*	黒麹菌	デンプンをブドウ糖に分解する性質が強い。クエン酸発酵が強い。	焼酎
カツオブシカビ	アスペルギルス・グラウカス *Aspergillus glaucus*	青麹菌（あおこうじきん）	タンパク質をアミノ酸に分解する性質、脂肪を分解する性質が特に強い。	かつお節

Column

麹菌は日本の“国菌”

カビを利用して発酵食品をつくり出す文化は、ブルーチーズなどの一部を除いて高温多湿なアジアモンスーン地域特有のものです。中でも麹菌は、日本の人々が育んできた日本特有の菌。醤油や味噌など、日本の伝統的な発酵食品の製造には欠かせません。

2006年には日本醸造学会によって、麹菌が日本の国菌（こっきん）であることが定められました。国菌と認定されたのは、黄麹菌（アスペルギルス・オリゼー）、醤油麹菌（アスペルギルス・ソーエ）、黒麹菌・白麹菌（アスペルギルス・リュウキュウエンシス）です。

麹とは

麹菌によって作られる麹は、日本の発酵食品の代表格である味噌や醤油、清酒の原料となっています。日本の発酵文化にとって欠かせないものといえる、麹についてみていきましょう。

“日本の発酵食品のもと”

麹とは、蒸した米、麦などの穀物に麹菌を繁殖させた加工品のこと。麹菌が米に繁殖したものを米麹といいます。

麹をつくる麹菌は「種麹（たねこうじ）」。米などを原料に麹菌を培養し、胞子を十分に着生させた後、乾燥や冷却させたものです。醸造業界では種麹のことを「もやし」、種麹をつくる種麹屋のことを「もやしや」と呼んでいます。これは麹菌が芽を出して白い菌糸が伸びていく姿がモヤシに似ていること、また木々が芽吹く姿にも似ていることから「萌える」を語源にして「もやす（し）」になったといわれています。

種麹により麹をつくる作業を「製麹（せいぎく）」といい、麹には生麹と乾燥麹の2種類があります。また、麹を用いて発酵食品をつくることを「醸造」といいます。

主な麹

米麹	最も一般的な麹で、日本酒や甘酒の材料。白米を蒸して麹菌を繁殖させたもの。玄米や分づき米を使用することもある。
豆麹	豆味噌の材料。大豆を蒸して麹菌を繁殖させたもの。
麦麹	麦味噌の材料。押し麦、丸麦を蒸して麹菌を繁殖させたもの。
醤油麹	大豆を主原料とする醤油の材料。蒸した大豆と焙煎した麦に麹菌を繁殖させたもの。

麹のつくり方（米麹の場合）

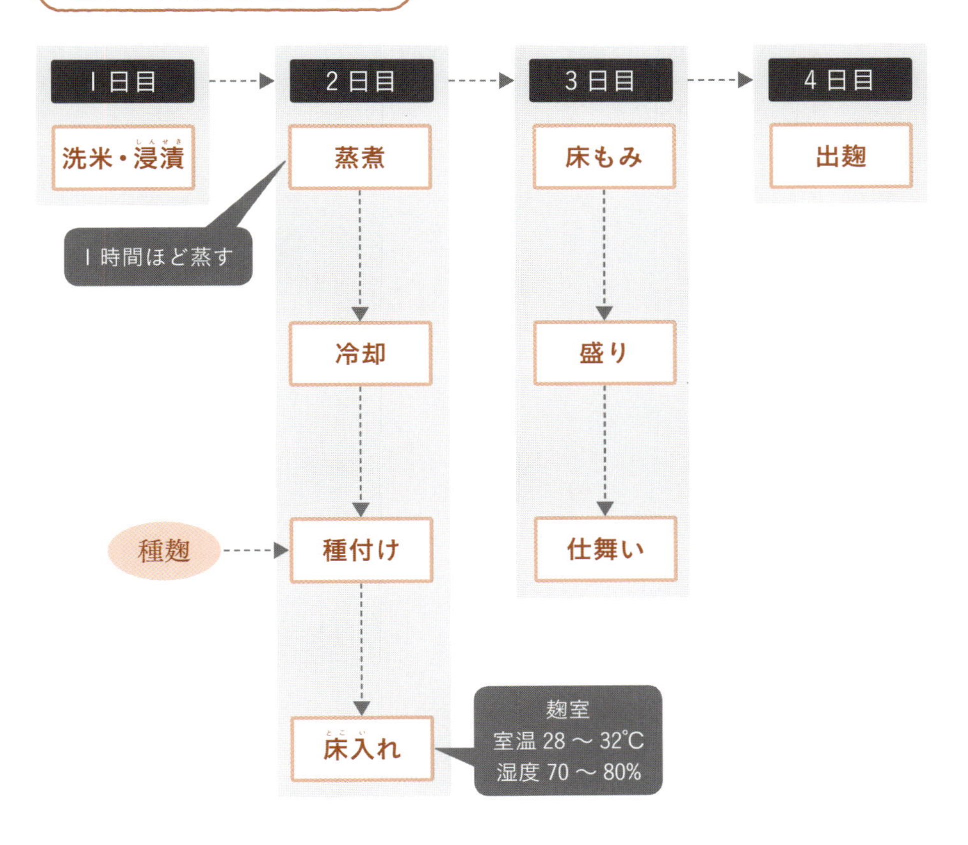

Column

“麹”と“糀”

もともと麹は、中国の小麦粉でできた餅にコウジカビが生育したもので、「麹」と表記されていました。これは麦に菊の花が咲くように見えることから、このような字が付けられたといわれています。

その後、日本では蒸し米にコウジカビが生育して花が咲いたように見えることから「糀」という字が作られました。

現在では、学術的には「麹」を用い、種麹屋によって製品化されたものを「糀」と書くことが多いようです。そのため、コウジキンは「麹菌」とは書きますが、「糀菌」とは書きません。

三大発酵

発酵食品の製造には乳酸菌による「乳酸発酵」、酵母菌による「アルコール発酵」、酢酸菌による「酢酸発酵」が重要な役割を果たしています。これらの発酵形式を発酵食品における三大発酵と呼びます。

乳酸発酵

乳酸菌が嫌気的な条件下で糖類を分解し、乳酸を生成する発酵を「乳酸発酵」といいます。

生成された乳酸が周囲を酸性に変えることによりほかの菌の繁殖を防ぎ、乳酸菌が主に繁殖できる環境を作り出しています。そのため、乳酸発酵した食べ物は腐敗しづらく、食品の保存性を高めるために古くから利用されてきました。

乳酸菌を利用した発酵食品を代表するものにヨーグルトがありますが、ヨーグルトはいくつかの乳酸菌を混ぜてつくることが多いです。その場合、互いが必要とする栄養素を補完し合って発酵を進めるため、単一の乳酸菌を使用するよりも発酵の進行速度が速くなります。また、清酒や味噌などほかの微生物が発酵のメインとなる食品にも使われ、多くの発酵食品において大きな役割を果たしています。

主な乳酸発酵食品

分類	乳酸発酵食品例
乳酸菌を主とする発酵食品	漬物（野沢菜、キムチなど）、ヨーグルト、発酵バター、魚のぬか漬け、なれずし（ふなずし、アユのなれずしなど）
ほかの微生物との共生発酵食品	清酒、ぬか漬け、味噌、醤油、チーズ

アルコール発酵

酵母が嫌気的条件下で糖類を分解し、アルコールと炭酸ガスを生成する発酵を「アルコール発酵」といいます。

酵母は酒類や醤油、味噌、パンなどの製造に使用されており、種類によってビール酵母、ワイン酵母、清酒酵母、醤油酵母、味噌酵母などと呼ばれ、それぞれの製法に適したものが使い分けられています。ちなみにパンを製造する際、イースト（パン酵母）の働きでアルコールが産出されますが、高熱で焼くことによりアルコールは揮発します。

● 主なアルコール発酵食品 ●

ワイン	原料であるブドウの糖分に酵母が働き、アルコール発酵が起こる。ブドウの皮には酵母が付着しているので自然に発酵するが、実際のワイン醸造では酒母と呼ばれる培養酵母を添加することが多い。単発酵酒。
ビール	麦のでんぷんを麦芽に含まれる酵素アミラーゼが糖化。これをビール酵母でアルコール発酵させる。糖化の次に発酵を行う、単行複発酵酒。
清酒	米のでんぷんを麹の酵素アミラーゼが糖化。これを清酒酵母でアルコール発酵させる。麹と酵母菌の２種類の微生物が同時進行で働くので、並行複発酵酒に分類される。
パン	酵母の働きでアルコール発酵による炭酸ガスを生じさせ、小麦生地を膨張させる。発酵によって香気成分が生じ、特有の風味が生まれる。

Column

発酵法による酒の分類

酒は発酵の工程の違いから単発酵酒（たんはっこうしゅ）と複発酵酒（ふくはっこうしゅ）に大別でき、複発酵酒はさらに単行複発酵酒（たんこうふくはっこうしゅ）と並行複発酵酒（へいこうふくはっこうしゅ）に分類できます。

単発酵酒は、原料が糖分を多く含む場合に酵母のみでアルコール発酵させる方式で、果実を原料とするワインなどがこれです。一方、複発酵酒は原料が米や麦など穀類の場合で、原料のデンプンを糖に変えてからアルコール発酵する必要があります。ビールなど糖化とアルコール発酵を別々に行う発酵方法を単行複発酵酒といい、日本酒など糖化と発酵を同時進行で行うものを並行複発酵酒といいます。

酢酸発酵

酢酸菌が好気的条件下で、アルコールと糖類をエサに酢酸を生成する発酵のことを「酢酸発酵」といいます。一部の微生物は嫌気的にほかの物質から酢酸を生成しますが、こういったアルコール以外のものから酢酸を生成する発酵は酢酸発酵とはいいません。

英語のビネガー（vinegar）はフランス語のvinaigreに由来し、これはvin（ワイン）＋aigre（すっぱい）が語源になっているといわれています。古くからフランスではワインからワイン酢、イギリスではビールから麦芽酢、日本では日本酒や酒粕から米酢を酢酸発酵して醸造してきました。

その他にも、果実を発酵させてアルコールにし、それを酢酸発酵させたリンゴ酢や柿酢など、風味の異なるさまざまな食酢が存在します。

主な酢酸発酵食品

その他の発酵

酵素だけでも発酵は起こります。よって直接的に微生物によって発酵したものだけでなく、微生物の生成する酵素による分解や自己消化も発酵に含めることがあります。

糖化

前述したように、製麹の際に麹菌により生成された酵素アミラーゼによって、食品中のデンプンがブドウ糖に分解されます。これを「糖化」といいます。乳酸菌のエサとなる糖類をよりたくさん生成するために行われることが多く、麹菌の役割は麹菌そのものが発酵を行うことではなく、麹菌が酵素を生成することによりその酵素が糖化を行うことにあるといえます。麹の酵素による糖化は、日本の発酵食品の多くにとって、スターター的な役割を担っています。

酵素発酵

生体が死後、自己の保有する酵素により自体の組織を分解していくことを「自己消化」といいます。自己消化で働く酵素にはプロテアーゼ、リパーゼ、アミラーゼなどがありますが、主にプロテアーゼによって分解されることを指します。食品によっては自己消化でうま味の出てくるものが多く、適度に自己消化が行われることを「熟成」と呼びます。通常、自己消化が早く進むと細菌類による腐敗も進行しやすいため、低温にしたり塩分濃度を高めて速度を遅らせます。

Column

糖類とは

糖類とは糖質の中で分子量が小さく、水溶性で甘みがあるもののこと。糖質は炭水化物から食物繊維を抜いたもので、単糖類、少糖類、多糖類に分けられます。

単糖類は糖質の基本となる物質で、加水分解してもこれ以上小さい分子になりません。少糖類は単糖が2～10分子程度結合したもので、食品中には単糖が2つ結合した二糖類が多く存在します。単糖類が多数結合したものは多糖類といい、主なものにブドウ糖がたくさん結合したデンプンやグリコーゲンがあります。

ちなみに、少糖類にあたる乳糖は牛乳や母乳に含まれる乳汁特有の成分。牛乳を飲むと下痢を起こすことがあるのは、乳糖分解酵素の分泌が不十分なためです。

単糖類	ブドウ糖（グルコース）、果糖（フルクトース）、ガラクトース、マンノース
少糖類	オリゴ糖
二糖類	乳　糖（ラクトース）＝ブドウ糖＋ガラクトース ショ糖（スクロース）＝ブドウ糖＋果糖 麦芽糖（マルトース）＝ブドウ糖＋ブドウ糖
多糖類	グリコーゲン、デンプン

発酵を抑えるもの

これまで、乳酸菌や酢酸菌、各種酵母や麹など、発酵を引き起こす微生物についてあれこれ見てきました。では反対に、発酵を抑える要素にはどんなものがあるのでしょうか。

微生物の活動を活発化させる主な要素として、適度な温度や酸素の有無、酵素による分解、適度な水分が挙げられます。これと逆に微生物の活動を抑制する（＝発酵を抑える）要因として挙げられるのは、過度な加熱、過度な塩分、過度な乾燥、過度な冷却、過度なアルコール濃度などです。

ただし、これは微生物の種類によって異なり、微生物によっては抑制要素とならない場合もあります。例えば、味噌や醤油で使われるテトラジェノコッカス・ハロフィルスは、塩分濃度10～20％の環境で生育を示す好塩性乳酸菌です。同じく味噌や醤油で用いられる酵母のチゴサッカロミセス・ルキシーは、約25％の塩分濃度でも生育できますが、塩分濃度の低い環境のほうが活発に活動するため耐塩性酵母といわれます。また、温泉や海底火山などには80～110℃程度の高温でも生育できる微生物が存在し、ここから高温で働く酵素が発見され、工業利用されています。

発酵を抑える5大要素

第2章 発酵食品図鑑

醤油や味噌、清酒をはじめとして、日本にはさまざまな発酵食品が存在します。この章では主な発酵食品について、製造方法や特徴、適切な保存方法など、いろいろな角度から紹介します。

醤油（しょうゆ）

醤油とは

醤油は、大豆と小麦を原料とする醤油麹に食塩水を加え、発酵させた液体です。日本の伝統的な醸造調味料で、和食の基本調味料である「さ・し・す・せ・そ」の一つとされています。

醤油の効果

万能調味料として日本の食卓で活躍する醤油には以下の効果があります。

消臭効果

刺身に醤油をつけて食べるのは、味を付けるだけでなく生臭みを消す大きな働きがあるから。日本料理の伝統的な下ごしらえ法である「醤油洗い」は、この効果を利用して魚や肉の臭みを消すものです。

加熱効果

醤油は加熱すると、アミノ酸とみりんなどの糖分がメイラード反応を起こし、メラノイジンという色素を生成。これにより美しい照りと香ばしい香りが出ます。照り焼きはこれを利用した調理法です。

静菌（せいきん）効果

醤油には適度な塩分やアルコール、有機酸が含まれるため、大腸菌などの増殖を止めたり、死滅させる効果があります。醤油漬けや佃煮などは、この効果を利用して、食材の日持ちをよくしています。

対比効果

甘い煮豆の仕上げに少量の醤油を加えると甘みが一層引き立ちますが、これを対比効果といいます。甘いものに対ししょっぱい醤油をほんの少し加えると、その甘みがより強く感じられます。

抑制効果

浸かりすぎた漬物や塩鮭など塩辛いものに醤油をたらすと、塩辛さが抑えられます。このような現象を抑制効果といいます。これは醤油の中に含まれる有機酸類に塩味をやわらげる力があるためです。

相乗効果

醤油のうま味成分であるグルタミン酸と、かつお節のうま味成分であるイノシン酸が働き合うと、深いうま味がつくり出されます。これを相乗効果といいます。そばつゆや天つゆは、その代表的な例です。

醤油の製造方法

醤油は製造方法によって、以下の３種に分類されます。

本醸造方式

原料として大豆、小麦、食塩水のみを使った方法。製造工程において醸造を促進する酵素を補助的に使ったものも含みます。日本の醤油の約85％はこの方式。

混合醸造方式

大豆や小麦のタンパク質成分を塩酸等で分解し中和させた「アミノ酸液」を、醤油もろみに添加して熟成・醸造する方法。日本の醤油の約0.6％はこの方式。

混合方式

本醸造方式の製造過程でできる「生揚げ醤油」にアミノ酸液を加えて撹拌し、加熱処理する方法です。日本で製造される醤油の約14％はこの方式です。

濃口醤油の製造方法

蒸した大豆と炒って砕いた小麦をほぼ等量混合し、種麹を加えて「醤油麹」をつくります。これを食塩水と一緒にタンクに仕込んで「もろみ」をつくり、約６～12カ月間発酵・熟成させます。

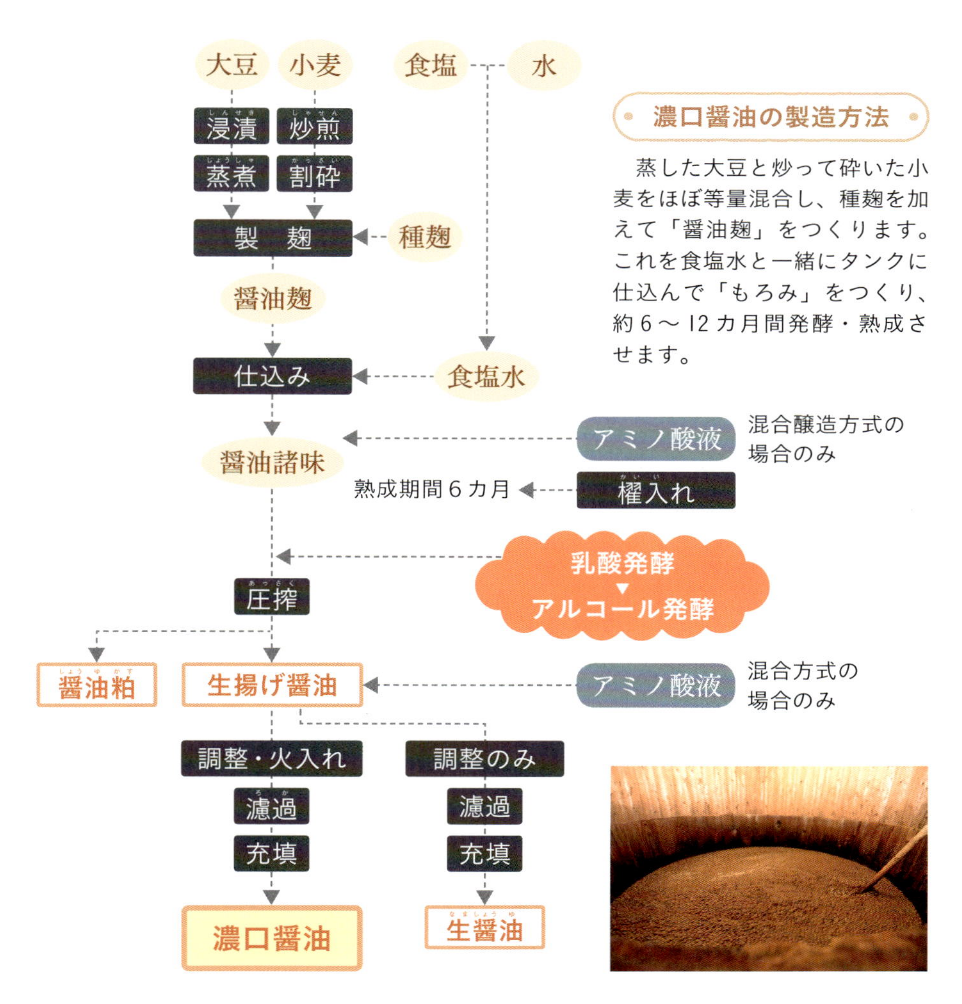

醤油の表示方法

醤油のラベルには、醤油の種類や製造方式をはじめ、原材料名や規格などさまざまな表示がされています。

丸大豆	大豆そのまま。脱脂加工大豆を使用しない場合に表示できる。
脱脂加工大豆	脂肪分を取り除いた大豆。
アミノ酸液	大豆や小麦に含まれるタンパク質を酸分解し中和したもの。
酵素分解調味液	タンパク質を酵素によりアミノ酸やペプチドまで分解したもの。
生醤油（なましょうゆ）	火入れをおこなわず、火入れと同等の殺菌処理をした醤油。
天然醸造	本醸造醤油のうち、添加物を使わず自然環境下で醸造したもの。
特級	JAS 規格による等級。醤油のうま味成分であるアミノ酸は窒素を含むため、全窒素分の割合などで分けられる。濃口醤油での基準は、全窒素分が 1.50%以上、無塩可溶性固形分が 16%以上など。
上級	JAS 規格による等級。濃口醤油での基準は、全窒素分が 1.35%以上、無塩可溶性固形分が 14%以上、色度が 18 番未満など。色度は醤油の色を表す数字で、番数が小さくなるほど色が濃くなる。
標準	JAS 規格による等級。濃口醤油での基準は全窒素分が 1.20%以上、淡口醤油では全窒素分が 0.95%以上、たまり醤油では全窒素分が 1.20%以上、再仕込み醤油では全窒素分が 1.40%以上となる。

醤油の種類

醤油は日本農林規格（JAS 規格）により、濃口（こいくち）醤油、淡口（うすくち）醤油、たまり醤油、再仕込み醤油、白醤油の５つに分けられ、地方によりよく使われる醤油は異なります。九州で親しまれる甘口醤油は濃口醤油の一種です。

濃口醤油（こいくちしょうゆ）

主な原料	大豆、小麦、塩
発酵・熟成期間	6～12カ月
エネルギー	71kcal
食塩相当量	14.5g

シェア8割以上を占める

明るい赤橙色で、日本の醤油の生産量の約84%はこれ。生産量1位は千葉県です。同量の大豆と小麦を原料とし、塩分濃度は16～17%程度。減塩醤油は9%以下、うす塩醤油は13%以下です。調理用・卓上用と幅広く使われます。

保存方法

冷暗所にて保管。開栓後は冷蔵保存し1カ月で使い切るのがベター。

栄養成分と健康・美容効果

栄養成分はタンパク質、ナトリウム、カリウム、カルシウム、ビタミンB2、ビオチンなど。食欲を増進させますが、摂りすぎに注意。

淡口醤油（うすくちしょうゆ）

主な原料	大豆、小麦、塩
発酵・熟成期間	3カ月程度
エネルギー	54kcal
食塩相当量	16.0g

関西で親しまれる

色が薄く香りが控えめで、食材の色や風味を生かす煮物などの調理に向いています。製造方法は濃口醤油とほぼ同じですが、より塩分濃度の高い仕込み水を多く用い、絞る際に甘酒や水を加えるのが特徴。兵庫県龍野（たつの）市で誕生しました。

保存方法

冷暗所に置き、開栓後は冷蔵保存。賞味期限は濃口醤油より短め。

栄養成分と健康・美容効果

栄養成分はタンパク質、ナトリウム、カリウムなど、濃口醤油とほぼ同じ。塩分濃度は18～19%程度とほかの醤油より高め。

たまり醤油（しょうゆ）

主な原料	大豆、小麦、塩
発酵・熟成期間	12カ月程度
エネルギー	111kcal
食塩相当量	13.0g

濃い味の料理やお刺身に

大豆と小麦が9：1と、ほぼ大豆からつくられます。発酵・熟成期間が長く、とろりとしたコクのある味が特徴。主に愛知、岐阜、三重県で製造され、刺身に付けたり、照り焼きやせんべいなどに使われます。別名「さしみたまり」。

保存方法

直射日光を避けて冷暗所に置き、開栓後は冷蔵保存しましょう。

栄養成分と健康・美容効果

タンパク質、ナトリウム、カリウム、カルシウム、マグネシウムなど。塩分濃度は16～17%程度。

白醤油（しろしょうゆ）

主な原料	小麦、大豆、塩
発酵・熟成期間	3カ月程度
エネルギー	87kcal
食塩相当量	14.2g

薄い色と強い甘味が特徴

愛知県碧南（へきなん）市で生まれ、主に愛知県で生産。原料は大豆と小麦の割合が1：9とほぼ小麦で、糖分が多く含まれます。小麦を精白して炒らずに煮て使うため、仕上がりは琥珀色。淡口醤油よりさらに色が薄く、茶碗蒸しや吸い物に最適。

保存方法

直射日光を避けて冷暗所に置き、開栓後は冷蔵保存しましょう。

栄養成分と健康・美容効果

ナトリウム、ビタミンB1など。色は薄いですが、塩分濃度は17～18%と高めなので注意。

再仕込み醤油（さいしこみしょうゆ）

主な原料　大豆、小麦、塩
発酵・熟成期間　12カ月程度
エネルギー　102kcal　食塩相当量　12.4g

山口県生まれのつけ醤油

通常、醤油の仕込みには食塩水を使いますが、その代わりに生揚げ（きあげ）醤油（もろみを絞ったままの醤油）を使うため、再仕込み醤油といわれます。原料はほぼ同量の大豆と小麦で、味・色ともに濃厚。主に卓上用です。

保存方法

直射日光を避けて冷暗所に置き、開栓後は冷蔵保存しましょう。

栄養成分と健康・美容効果

タンパク質、カリウム、ビタミンB1・B6など。色は濃いですが塩分濃度は12～14％程度です。

Column

さまざまな加工醤油

醤油をベースにした調味料を「加工醤油」といいます。家庭の食卓でよく使われている「麺つゆ」や「ポン酢」などはこの加工醤油の一種です。

加工醤油の中でも、近年人気の「白だし」は、白醤油に出汁やみりん、塩などを加えたもの。だし巻き卵や煮物の味が簡単に決まり、色が薄いので仕上がりもキレイです。

ほかにも卵かけご飯や焼き餅用の醤油、アイスクリームにかけるための醤油など、さまざまな加工醤油があります。

麺つゆ

醤油に出汁や砂糖を加えたもの。そのまま使えるストレートタイプと、水で薄める濃縮タイプがあります。いろいろな料理に。

ポン酢

醤油に柑橘果汁や醸造酢などを加えたもの。使用する柑橘の種類によって風味も変わってきます。鍋物のタレや冷奴などに。

味噌（みそ）

味噌とは

味噌は、蒸した大豆に穀物の麹と塩を合わせて発酵させた調味料。古くは各家庭でつくられており、自家製の味噌を自慢することから、自分のことをほめるという意味の「手前味噌」という言葉もあります。

味噌の効果

昔から「味噌は医者いらず」といわれるほど、体によい効果があります。

がんの予防

味噌汁を飲む頻度が高いほど、胃がんでの死亡率が低くなるという調査結果があります（国立がんセンター研究所調べ）。また、味噌はがんの原因となる体内の突然変異物質の作用を弱めるといわれています。

血圧低下

味噌には血圧低下作用を持つ、ペプチドという物質が含まれています。また、味噌汁に野菜や海藻を入れることで、それらに含まれるカリウム、マグネシウムがナトリウムを排出します。

抗酸化作用

味噌に含まれるサポニンやレシチン、リノール酸、ビタミンEといった成分により、抗酸化作用が期待されます。味噌が発酵・熟成すると生じる褐色色素メラノイジンにも、酸化を防ぐ効果があります。

コレステロール低下

味噌に含まれるリノール酸、植物性ステロール、ビタミンEなどには、コレステロールを低下させる効果があります。大豆の主要構成タンパク質であるβコングリシニンは、血中の中性脂肪を低下させます。

美白効果

味噌には、麹菌が発酵する過程で生成される、コウジ酸という成分が含まれています。このコウジ酸には、シミやそばかすの原因となるメラニンの合成を抑制する効果があります。

整腸作用

味噌に含まれる食物繊維や、難消化性成分であるレジスタントプロテインなどが、腸の中の腐敗菌や有害物質を排出し、腸内環境を整えます。

ピロリ菌抑制

ピロリ菌は胃がんや胃炎、胃潰瘍（いかいよう）、十二指腸潰瘍を引き起こす細菌です。味噌に含まれる褐色色素メラノイジンの働きにより、胃の中のピロリ菌が抑制されるといわれています。

味噌の製造方法

味噌は種類によって製造方法が異なり、熟成・発酵のメカニズムも異なってきます。ここでは米味噌の製造方法についてみていきます。

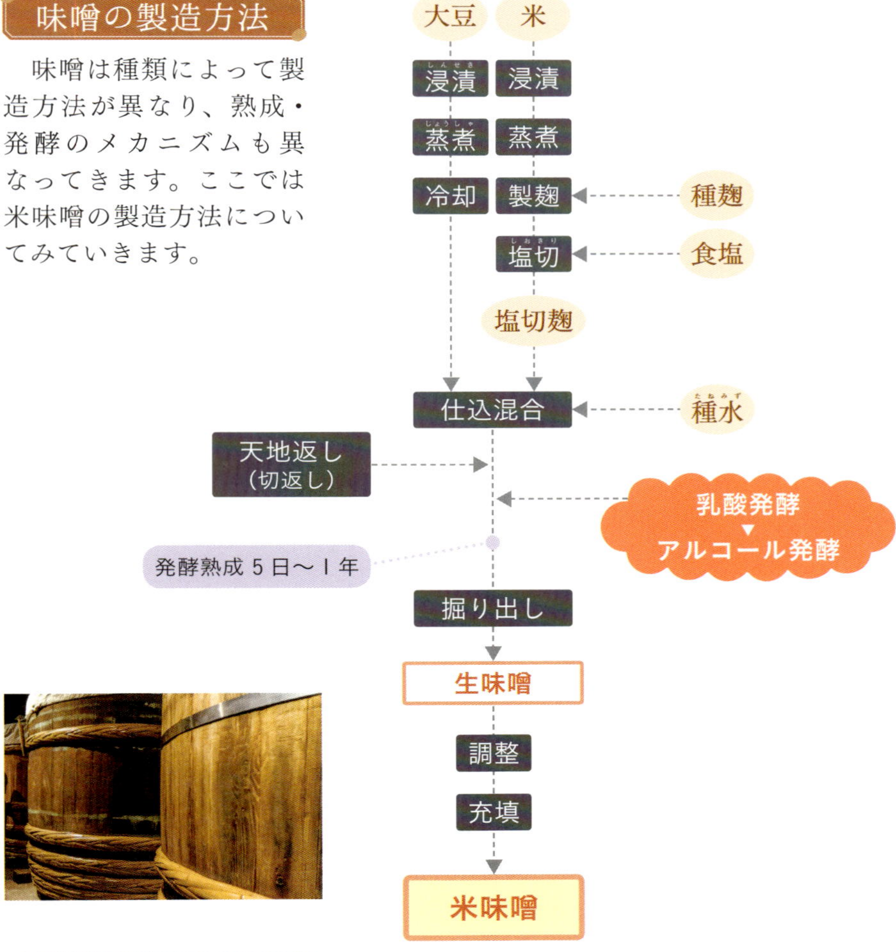

米味噌の製造方法

まずは大豆に吸水をさせます。通常 8 時間で飽和状態となり、大豆の重量は約 2 倍に。大豆の色素などが水の中に溶け出すので、浸漬時間を長くしたものほどやわらかく淡色に仕上がります。赤色系の味噌の場合、浸漬時間は約 3 〜 5 時間、白味噌は約 16 時間浸漬を行い、浸漬中に水を換えることもあります。その後、大豆は蒸煮にし、塩切した米麹と種水（水分調整のために加える水や大豆の煮汁）を一緒に混ぜ、発酵させます。

麹の酵素は大豆や米のデンプンやタンパク質を分解し、ブドウ糖やアミノ酸を生成します。アミノ酸は味噌の味の中心となるうま味成分で、ブドウ糖や麦芽糖は甘みを与えると同時に酵母や乳酸菌の栄養源となり、それらが増殖。発酵がある程度進んだ段階で、撹拌するために「天地返し」をします。発酵が進むと、アミノ酸と糖が反応するメイラード反応が進行し、色が茶色に変化。熟成の完了した味噌は、製品化されるために防湧（ぼうゆう）（再発酵防止）処理を行いますが、酒精を加えるアルコール添加法が主に用いられています。

味噌の表示方法

味噌には「味噌品質表示基準」などの法令によって、いくつかの表示の義務や用語の使用基準が定められています。

天然醸造	大豆（または米や麦）を微生物の力のみで発酵・熟成させた味噌のうち、醸造を促進するための酵素や食品添加物不使用のもの。
生	容器包装作業の前後において加熱殺菌処理を施していないもの。
手造り	天然醸造のうち、伝統的な手作業でつくられた麹を使用したもの。
特選・特撰	表示商品と同種で、品質・製造方法等が基準に適合した商品を製造しており、その同種商品に比べて表示商品が原料の品質や麹のつくり方など5つの条件において1つ以上優れていることを示したもの。
吟醸（ぎんじょう）	原材料に、農産物規格規程に定める品質を満たす大豆や麹原料としての米、または麦を使用しているもの。
出汁入り	原材料のうち、かつお節、煮干魚類、昆布等の粉末または抽出濃縮物等の重量の総和がグルタミン酸ナトリウム等の総和を超えるもの。

味噌の種類

味噌は、味噌品質表示基準によって、以下の原料による4種類に分類することができます。またほかに、色や味によっても分類ができます。

原料による分類

米味噌	米麹＋大豆＋塩
麦味噌	麦麹＋大豆＋塩
豆味噌	大豆麹＋塩
調合味噌	米味噌、麦味噌、豆味噌を混合したもの。米麹に麦麹又は豆麹を混合したのもの使用したもの等、米みそ、麦味噌、豆味噌以外のものをいう。

色による分類

	大豆の浸し汁 大豆のゆで汁	大豆の加熱法	熟成期間
白味噌	不使用	煮る	短い
淡色味噌	↕	↕	↕
赤味噌	使用	蒸す	長い

味による分類

	塩の量	麹の量
辛口味噌	多い	少ない
甘口味噌	↕	↕
甘味噌	少ない	多い

辛口味噌

米味噌の中で最も多く製造されており、淡色と赤色の区別があります。麹歩合は10歩（原料大豆100kgに対する麹100kgの割合＝十割）以下、塩分は12～14％で醸造期間が長いです。

甘口味噌

麹歩合が10～20歩（原料大豆100kgに対して麹200kgの割合）で甘みがあり、塩分は7～11％。中甘味噌、中味噌とも。

甘味噌

麹歩合は12～25歩程度、塩分は5～7％の低塩分濃度。高温熟成で5～20日の短い発酵期間でつくります。米麹からの糖分でとても甘いです。白味噌と赤味噌（江戸甘味噌）に分かれ、塩分濃度はほぼ同じですが、麹の割合や大豆の蒸煮方法が異なります。

日本各地の味噌

❼ 讃岐味噌　【香川県】

米味噌。白色で甘口。麹の歩合が高く、熟成期間が短い。魚の味噌漬けなどに使われる。

❽ 薩摩味噌　【鹿児島県】

麦味噌。淡色で甘口。長期熟成をするため濃厚な甘さがある。薩摩汁に使う。

❻ 関西白味噌　【関西地方】

米味噌。淡黄色で甘口。麹の歩合が高く、熟成期間が短い。雑煮や酢味噌に使われる。

❶ 北海道味噌　【北海道】

米味噌。赤色で中辛口。郷土料理の石狩鍋などに使われる。

❷ 越後味噌　【新潟県】

米味噌。赤色で辛口。精白した丸米を使い、味噌の中に米粒が浮いて見えるので「浮麹味噌」とも。

❸ 江戸甘味噌　【東京都】

米味噌。茶褐色で独特の甘みがある。味噌田楽やどじょう汁などに使われる。

❹ 信州味噌　【長野県】

米味噌。淡色で辛口。ほのかな酸味が特徴のひとつ。

❺ 八丁味噌　【愛知県】

豆味噌。茶褐色。愛知県岡崎市八帖町で生産されているものだけをこう呼ぶ。

米味噌（こめみそ）

主な原料	大豆、米麹、塩		
発酵・熟成期間	5～12カ月		
エネルギー	192kcal	食塩相当量	12.4g

（淡色辛味噌）

麹の割合で風味が変わる

大豆に米麹と塩を加えてつくった味噌。麹の割合によって、甘味噌、甘口味噌、辛口味噌に分かれます。日本で生産される味噌の約80%を占める最もポピュラーな味噌で、味噌汁や煮物などさまざまな料理に適しています。

保存方法

開封後は冷蔵庫か冷凍庫へ。表面をラップで覆いフタをするとよい。

栄養成分と健康・美容効果

栄養成分はタンパク質、ナトリウム、カリウム、カルシウム、食物繊維など。抗酸化作用、美白効果などが期待されます。

麦味噌（むぎみそ）

主な原料	大豆、麦麹、塩		
発酵・熟成期間	1～12カ月		
エネルギー	198kcal	食塩相当量	10.7g

風味豊かで甘みはさらり

大豆に麦麹と塩を加えてつくった味噌で、甘口と辛口があります。もとは農家の自家用味噌としてつくられたため「田舎味噌」とも。主に大麦の生産地である九州地方や、四国・中国地方でつくられ、辛口は関東でも生産されます。

保存方法

開封後は冷蔵庫か冷凍庫へ。表面をラップで覆いフタをするとよい。

栄養成分と健康・美容効果

栄養成分はタンパク質、ナトリウム、カリウム、カルシウム、食物繊維など。塩分濃度は9～13%です。

豆味噌（まめみそ）

主な原料 大豆麹、塩
発酵・熟成期間 5～20カ月
エネルギー 217kcal 食塩相当量 10.9g

味噌カツなど名古屋名物に

大豆と塩のみを用いた、最も古くからつくられてきた味噌。蒸した大豆を「味噌玉」にして麹菌を繁殖させるため、味と香りが濃厚。発祥の愛知、岐阜、三重県のみでつくられ、八丁味噌、名古屋味噌、三州（さんしゅう）味噌、たまり味噌はこの一種。

保存方法

開封後は冷蔵庫か冷凍庫へ。表面をラップで覆いフタをするとよい。

栄養成分と健康・美容効果

大豆が主なので、タンパク質がほかの味噌より豊富。ほかにナトリウム、カリウム、カルシウムなど。塩分濃度は10～12%。

嘗味噌（なめみそ）

主な原料 大豆、大麦麹、砂糖、ウリ、ナスなど
発酵・熟成期間 1～3カ月
エネルギー 256kcal 食塩相当量 5.1g
（金山寺味噌）

ご飯のおともにもなる

微生物の力で醸造した醸造嘗味噌と、普通の味噌に具を混ぜた加工嘗味噌があります。和歌山や千葉県などの名産品「金山寺（きんざんじ）味噌」は前者で、大豆や大麦、米の麹と刻んだウリやナス、ショウガ、シソなどの野菜を混ぜて発酵させます。

保存方法

直射日光を避け常温で保存し、開封後は冷蔵庫で保存しましょう。

栄養成分と健康・美容効果

栄養成分はナトリウム、カリウム、カルシウムなど。生野菜につけて食べると美味で、野菜をたくさん摂取できます。

甘酒（あまざけ）

甘酒とは

甘酒には２種類があります。蒸した米に麹を繁殖させてぬるま湯を加え、5～20時間程度発酵させたものと、日本酒の副産物である酒粕に砂糖とお湯を加えたものです。ここでは麹からつくったほうを甘酒と呼びます。

甘酒の効果

甘酒は栄養補給のための点滴と成分が似ていることから「飲む点滴」、美白効果が期待されることから「飲む美容液」ともいわれています。

脳の活性化・疲労回復

甘酒は麹に含まれるアミラーゼによって、多糖類である米のデンプンが最終的に単糖類であるブドウ糖に分解され、成分の20%以上をブドウ糖類が占めます。

ブドウ糖は人の生命活動のエネルギー源として重要な栄養素です。血液中のヘモグロビンによって運ばれてきた酸素と反応して酸化し、その際にエネルギーを生成します。このエネルギーが脳を活性化し、疲労回復効果ももたらします。脂肪も燃焼されてエネルギー源となりますが、細胞内に蓄えられないため、脳などのエネルギー源になるのは血液中から取り込むブドウ糖が主といわれています。また、ブドウ糖は脳の満腹中枢を刺激するため、少量の甘酒でも満足感が得られます。

必須アミノ酸の摂取

人の体を構成する細胞の成分となるのはアミノ酸です。タンパク質は20種類のアミノ酸が結合して形成されていますが、そのうち体内で合成することができない9種類のアミノ酸のことを「必須アミノ酸」といいます（トリプトファン、スレオニン、リシン（リジン）、バリン、メチオニン、ロイシン、フェニルアラニン、イソロイシン、ヒスチジン）。これらは食べ物から摂取する必要があり、どれか一つ欠けても筋肉や骨、血液などが合成できなくなります。

甘酒にはこの必須アミノ酸が9種すべて含まれており、バランスよく摂取できます。必須アミノ酸は細胞分裂を促す働きをするため、不足すると肌が衰えたり、肝機能に障害がでることもあります。

腸内環境改善

甘酒の食物繊維とオリゴ糖が、有益な腸内細菌のエサになります。

甘酒の製造方法

米麹と炊いたご飯またはお粥を混ぜ、55～65℃で5～20時間糖化させます。発酵期間は一晩でよいことから「一夜酒」ともいわれます。家庭でも炊飯器やポット、ヨーグルトメーカーなど55～65℃に保温できるものがあれば、簡単につくることができます。

保温中に米麹のアミラーゼがご飯のデンプンを分解してブドウ糖を生成し、ほぼ全量のデンプンがブドウ糖になることから、砂糖を入れなくてもとても甘い味になります。

生甘酒（なまあまざけ）は品質が変化しやすいため、火入れをしてから出荷することが多いです。

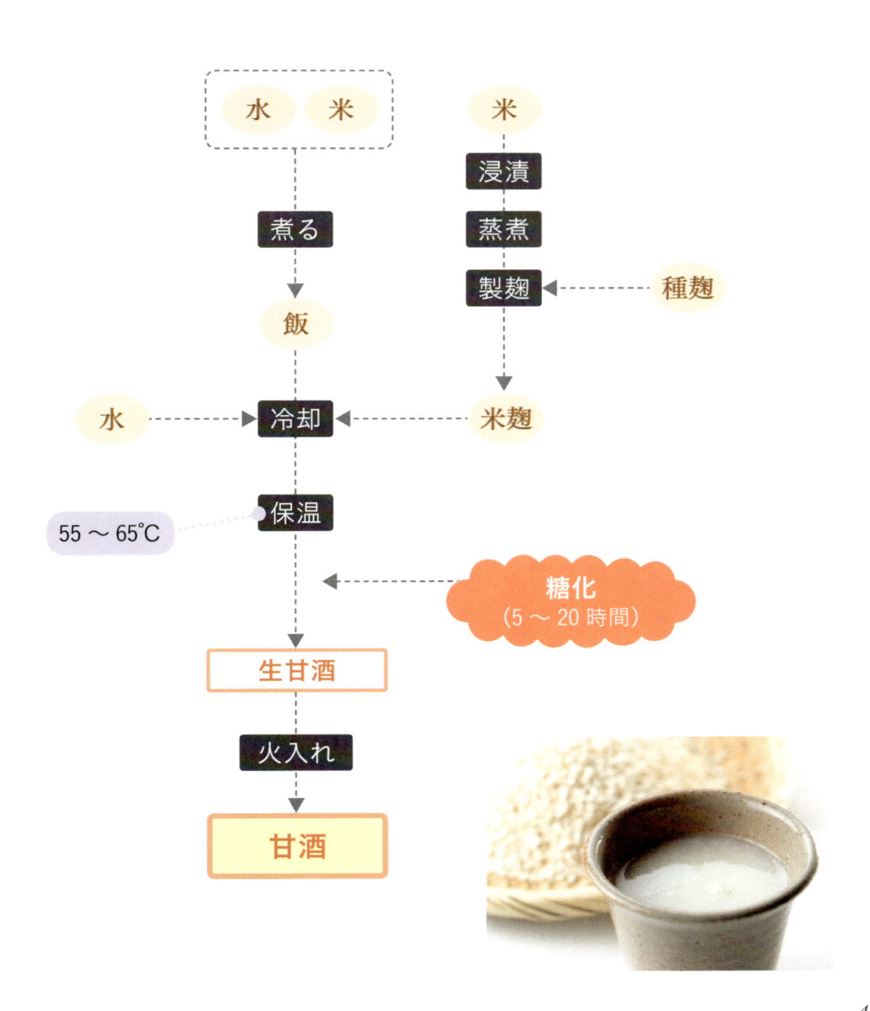

生甘酒と火入れ甘酒

火入れをしていない生甘酒は酵素が働き、そのまま飲むだけでなく漬け床としても使えます。生甘酒に食材を漬け込むと麹の酵素により分解され、タンパク質はうま味成分のアミノ酸に変化。体への負担も少なくなります。また、調味料として砂糖の代わりに使用すると、料理を自然な甘さに仕上げることができます。

しかし生甘酒は保存性が低いので、火入れ甘酒と使い分けるのがよいでしょう。酵素が活性化エネルギーを失わない程度に火入れすれば、分解力の損失も防げます。ちなみに、市販の甘酒は出荷までの方法が不明なため、分解力の有無も不明です。しかしブドウ糖やその他の栄養素にはほとんど変化がないので、脳の活性化などには有効といえます。

	生甘酒	火入れ甘酒
甘さ	○	◎
分解力	○	?
分解スピード	早い	遅い
メリット	分解力が高い	安定している
デメリット	味の変化が早い	分解力は不明
栄養素	◎	◎

火入れ甘酒のつくり方

家庭で火入れ甘酒をつくるには、生甘酒を10分程度混ぜながら、湯煎または直火にかけます。とろみが少し出始めたら、火から離しましょう。あとは余熱でとろみをつけていきます。60℃以下で火入れをすると、酵素の失活を最小限に抑えることができます。

甘酒（あまざけ）

主な原料	米麹、米
発酵・熟成期間	5～20時間
エネルギー	105kcal　食塩相当量 0g

昔ながらの栄養ドリンク

酒という字がつきますが、米麹を発酵させてつくる甘酒にアルコールは含まれていません。栄養満点な甘酒は江戸時代には夏バテ防止のために飲まれ、夏の飲み物として売られていました。俳句では、現在でも甘酒は夏の季語です。

保存方法

冷蔵保存をし、開封後はなるべく早く飲み切りましょう。

栄養成分と健康・美容効果

栄養成分は炭水化物（ブドウ糖）、タンパク質、ナトリウム、ビタミンB1・B2・B6、葉酸、食物繊維など。

玄米甘酒（げんまいあまざけ）

主な原料	米麹、玄米
発酵・熟成期間	10～20時間
エネルギー	175kcal　食塩相当量 0g

香ばしく甘みが穏やか

白米ではなく主に玄米でつくった甘酒。つくり方には玄米＋白米麹、白米＋玄米麹、玄米＋玄米麹、玄米麹のみの4種類があります。白米や白米麹に比べて玄米は酵素によって分解されにくいため、普通の甘酒に比べて甘みが穏やかです。

保存方法

冷蔵保存をし、開封後はなるべく早く飲み切りましょう。

栄養成分と健康・美容効果

白米の甘酒と同様に、炭水化物（ブドウ糖）、タンパク質、ビタミンB類、食物繊維、コウジ酸などが含まれます。

塩麹

塩麹とは

塩麹は、麹、塩、水を混ぜて発酵させた調味料です。日本の伝統的な漬け床「三五八漬け」（塩3：麹5：蒸米8）を料理に利用しやすくしたもので、2011年頃から人気が出始めました。通常、米麹でつくります。

塩麹の効果

塩麹はさまざまな料理に使え、以下のような効果があります。

消化・吸収率 UP

肉や魚を塩麹に漬けると、タンパク質がプロテアーゼによりアミノ酸に分解されやわらかくなります。

栄養価 UP

塩麹の原料である麹の働きにより、アミノ酸やビタミン類などの栄養価がアップします。

おいしさ UP

麹の酵素が米のデンプンやタンパク質を分解し、塩麹自体が甘みやうま味のある塩味となります。

塩麹の原料となる麹

生麹と乾燥麹

塩麹の原料である麹には、生麹と乾燥麹の2種類が存在します。生麹は製麹をしたままの状態のため、水分量が多く賞味期限が短いです。乾燥麹は水分量が少なく、使用する際は水分を多めに入れるか戻す必要があります。

	生麹	乾燥麹
麹菌	△	×
保存温度	要冷蔵	常温
日持ち	×	○
酵素	○	○

塩麹の製造方法

麹、塩（海塩（かいえん）、岩塩、藻塩（もしお）など全ての塩を使用可能）、水を混ぜることにより、麹の酵素を引き出し、うま味や甘みを生成する調味料となります。また同時に、塩分によって雑菌の繁殖を抑えることができます。塩分濃度は12%を基準とし、上回る場合は保存性が高くなり、下回る場合は雑菌や自然酵母が繁殖する可能性があります。ただし、塩分濃度が高いほど酵素の分解力は弱くなってしまいます。

麹の酵素による分解の速さは、上記のような塩分濃度や麹の鮮度、気温などにより異なります（夏は3～7日程度、冬は7～14日程度）。仕込み後は一日一回以上混ぜ、麹がやわらかくなり甘さが出てきたら完成です。

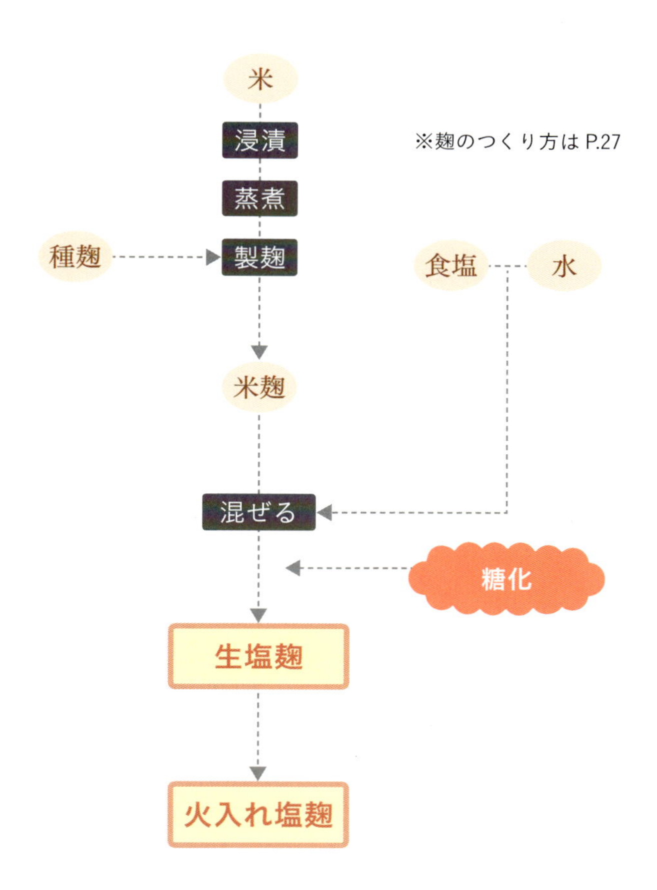

※麹のつくり方はP.27

塩分濃度の計算方法　塩分濃度（%）＝塩÷（麹＋水＋塩）×100

塩麹（しおこうじ）

主な原料　米麹、塩
発酵・熟成期間　3〜14日
エネルギー　20kcal　食塩相当量　5〜6g
※大さじ1杯の場合

使い勝手のいい万能調味料

米麹と塩を、水と混ぜて発酵させたもの。調味料の一つとして、現在ではスーパーなどでも手軽に手に入ります。まろやかな塩味で、食材を漬け込むほか、塩の代わりとして炒め物やドレッシングなどのタレとしても使えます。

保存方法

市販品は常温保存可能。開封後は必ず冷蔵庫または冷凍庫で保存。

栄養成分と健康・美容効果

ビタミンB1・B2、ビオチンなどビタミンB群や食物繊維が豊富。美肌効果や疲労回復などが期待できます。

玄米塩麹（げんまいしおこうじ）

主な原料　玄米麹、塩
発酵・熟成期間　7〜14日
エネルギー　20kcal　食塩相当量　5〜6g
※大さじ1杯の場合

深いコクのある塩麹

玄米麹と塩を、水と混ぜて発酵させたもの。塩麹に比べて、茶色が入ったような色をしています。白米麹よりも玄米麹のほうが甘みが少ない傾向です。基本的に塩麹と同じ使い方ができますが、少し独特の風味を持っています。

保存方法

市販品は常温保存可能。開封後は必ず冷蔵庫または冷凍庫で保存。

栄養成分と健康・美容効果

ビタミンB1・B2、ビオチンなどビタミンB群や食物繊維が多く含まれ、アミノ酸も豊富。美肌効果や疲労回復などが期待できます。

麦塩麹（むぎしおこうじ）

主な原料 麦麹、塩
発酵・熟成期間 7～14日
エネルギー 19kcal 食塩相当量 5～6g
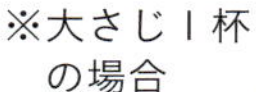
※大さじ1杯の場合

食感も楽しめる塩麹

麦麹と塩を、水と混ぜて発酵させたもの。米麹で作る塩麹に比べてコクがあり、麦の食感も楽しめます。そのため、麦塩麹はこの粒を生かした料理がおすすめです。ミネストローネなどのスープに入れて味わいましょう。

保存方法

市販品は常温保存可能。開封後は必ず冷蔵庫または冷凍庫で保存。

栄養成分と健康・美容効果

ビタミンB1・B2、ビオチンなどビタミンB群や食物繊維が多く含まれます。美肌効果や疲労回復などが期待できます。

醤油麹（しょうゆこうじ）

主な原料 米麹、醤油
発酵・熟成期間 7～14日
エネルギー 30kcal 食塩相当量 7g
※大さじ1杯の場合

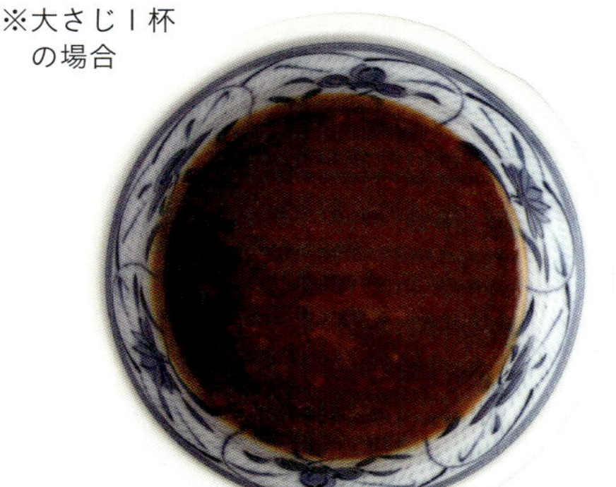

醤油＋米麹でうま味アップ

米麹と醤油、水を混ぜて発酵させた調味料。本来は醤油麹というと醤油を仕込む際に使う大豆と小麦の麹のことですが、近年では調味料としての醤油麹がポピュラーになってきました。醤油代わりにしたりと、あれこれ使えます。

保存方法

市販品は常温保存可能。開封後は必ず冷蔵庫または冷凍庫で保存。

栄養成分と健康・美容効果

塩麹同様、麹由来のビタミンB群や食物繊維が豊富。塩麹より、うま味成分のグルタミン酸が多いです。

清酒（せいしゅ）

清酒とは

清酒は日本古来の醸造酒で、米と米麹、水を原料にしています。濁酒（だくしゅ）を濾して透明にした酒という意味で、古くは「すみさけ」と呼ばれました。

清酒の効果

清酒は体への効能のほか、調理時にもさまざまな効果を与えます。

美容効果

清酒に含まれるコウジ酸が細胞の老化を防ぐ効果があるとして注目されています。コウジ酸はシミやほくろの原因になるメラニン色素の生成を抑制する働きがあり、美白効果と保温効果も期待されています。

保温・保湿効果

清酒は古くから湿布薬、酒風呂、痛み止めや美容薬として使われてきました。体を温めたり、血行をよくするなどの保温効果や、肌をしっとりとさせる効果があることが知られています。

消臭効果

清酒は調理の際も有効です。清酒に含まれるアルコールには、魚の生臭さの成分であるトリメチルアミンを蒸発させる働きがあり、日本酒を使って魚の下ごしらえをすると生臭さを消すことができます。

うま味を加える

調理に清酒を使うと、素材の味を生かしながらうま味を加えることができます。魚や肉の加熱に清酒を使うのも、魚や肉の臭みを抜くとともに、清酒のうま味成分を素材にしみこませるためです。

やわらかくする

清酒に含まれるアルコールは肉や魚などの水分の流出を防ぐので、やわらかい食感が生まれます。またアルコールの揮発性が加熱前に表面の水分を一緒に蒸発させるので、表面はカリっと仕上がります。

生活習慣病の予防

清酒はほかの酒類に比べてアミノ酸を豊富に含み、動脈硬化などの生活習慣病の予防に役立つと考えられています。ただし、適量を心がけて飲みすぎないことが大切です。

味を浸透しやすくする

清酒に含まれるアルコールの作用によって、ほかの調味料が肉や魚の身の中に浸透しやすくなります。よって短時間の調理でも味のしみこみがよくなり、一緒に使う調味料の効果を最大限に発揮できます。

清酒の種類

清酒は大きく「純米酒」と「純米酒以外」に分類されます。純米酒は米、米麹、水を原料として発酵させて濾過したもの、純米酒以外は米、米麹、水、その他の政令で定める物品を原料としたものです。

その中でも、精米歩合によってランク分けを行います。精米歩合とは精白米のその玄米に対する割合をいい、数字が小さくなるほど精米具合が大きいことを表します。

酒税の保全及び酒類業組合等に関する法律第86条に基づき、特定名称酒（大吟醸、吟醸、本醸造、純米酒など）の表示が定められています。国税庁の規定により、精米歩合50％以下は高級酒から大吟醸、60％以下は吟醸・特別本醸造、70％以下が本醸造。普通酒の規定はありません。

	特定名称酒								非特定名称
	純米酒				純米酒ではない				
名称	純米大吟醸	純米吟醸	特別純米	純米	大吟醸	吟醸	特別本醸造	本醸造	普通酒
原材料	米 米麹	米 米麹	米 米麹	米 米麹	米 米麹 醸造用アルコール	米 米麹 醸造用アルコール	米 米麹 醸造用アルコール	米 米麹 醸造用アルコール	米 米麹 醸造用アルコール
精米歩合	50％以下	60％以下	60％以下	規定なし	50％以下	60％以下	60％以下	70％以下	規定なし 原料米の等級制限なし
麹使用割合	15％以上	15％以上	15％以上	15％以上	15％以上	15％以上	15％以上	15％以上	15％以下
アルコール添加	なし	なし	なし	なし	米の10％以下	米の10％以下	米の10％以下	米の10％以下	米の20～40％もしくはそれ以上
その他添加物	なし	なし	なし	なし	なし	なし	なし	なし	糖類、酸味料、化学調味料 添加可能

清酒の製造方法

清酒は、麹の酵素アミラーゼによる米デンプンの「糖化」と、清酒酵母による「アルコール発酵」が同時に行われる「並行複発酵（へいこうふくはっこう）」という発酵方式でつくられます。

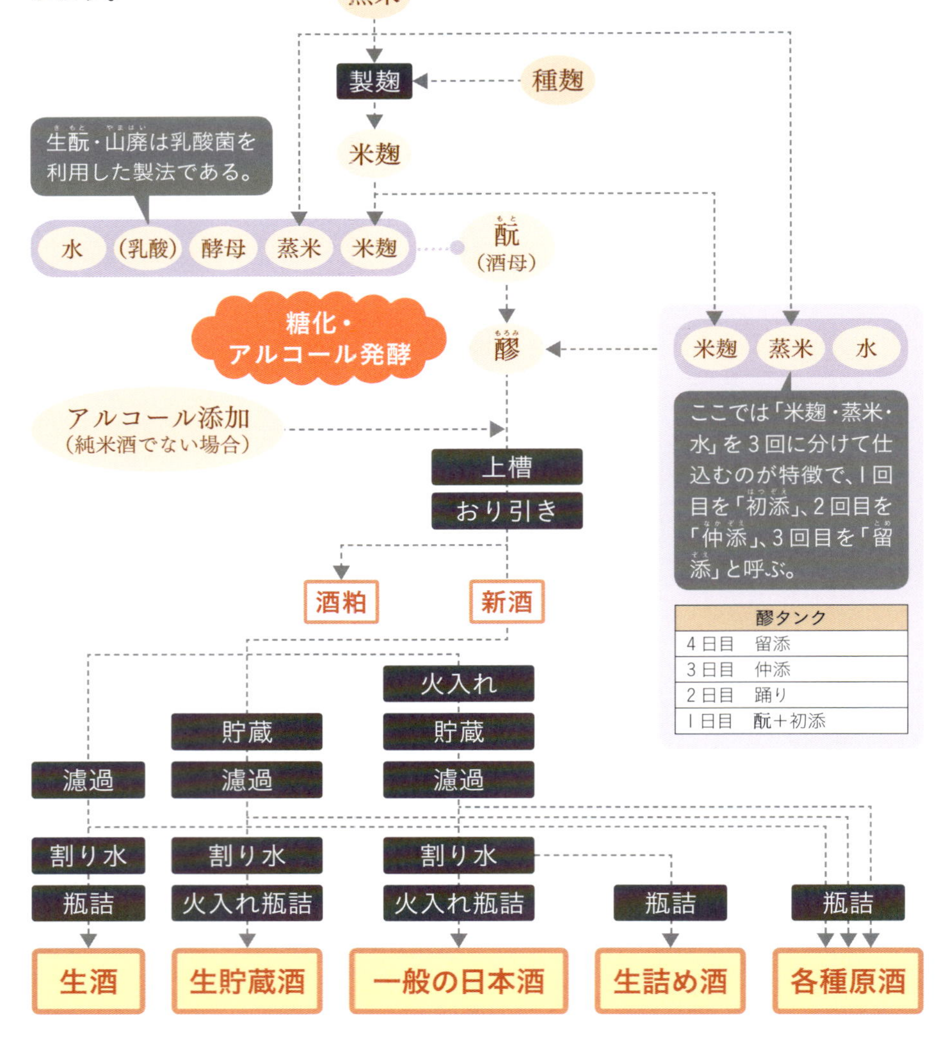

醪タンク	
4日目	留添
3日目	仲添
2日目	踊り
1日目	酛＋初添

“ さまざまな工程を経る清酒づくり ”

原料である米を精米し、米の外側にあるタンパク質やミネラル、ビタミン、脂質などを取り除きます（精米歩合は特定名称酒の規定（P.55）による）。精米後は「枯らし」という作業で、自然の湿度の中で米にゆっくりと水分を吸わせます。その後、洗米、浸漬、水切りをし、蒸しあげて麹づくり用の麹米、酛（もと）（酒母）づくり用の酛米（もとまい）、醪（もろみ）づくり用の掛米（かけまい）に分けます。

手作業もしくは機械によって製麹を行い、でき上がった米麹は酛（酒母）と醪に使用。醪を発酵させる酒母を培養したものが酛で、酛の完成度が醪の発酵に影響します。酛は抗菌力として乳酸を利用しなければいけませんが、乳酸を得る方法は2つ。乳酸菌から乳酸を生み出す生酛（きもと）と、市販の乳酸を添加する速醸酛（そくじょうもと）という方法です。ちなみにこの生酛づくりにおいて、山卸（やまおろし）（蒸米、麹、水を櫂で丹念にすりつぶす方式）を廃止したものは山廃（やまはい）といわれます。生酛・山廃酛は約30日の発酵期間で、乳酸菌や自然の酵母などの力で複雑な味わいが生まれます。一方、速醸酛は約14日の発酵期間で、安定した品質管理ができて効率がよいという利点があります。

こうして蒸米、米麹、酵母、水、酛を合わせると醪ができます。数日すると麹による糖化と酵母によるアルコール発酵が同時に進行する並行複発酵が起こりますが、これは珍しい発酵法。アルコールを生成するには糖が必要ですが、糖濃度が高すぎると酵母が活動できません。並行複発酵により糖が小出しに供給され、アルコール度数を20%まで上げられるのです。

発酵後の醪は上槽という作業で液体と固体に分離。濁りを取るおり引きと濾過をし、製品に合わせて火入れや貯蔵、再濾過をします。通常の清酒は65℃程度で加熱殺菌する火入れをして、火落ち（P.19）を防ぎます。

製造方法による種類

原酒	製造後に割り水をしていない（水を加えていない）もの。
生酒	製造後に火入れ（加熱処理）をしていないもの。
生貯蔵酒	製造後に火入れをせずに貯蔵し、出荷前に火入れをしたもの。
にごり酒	醪の状態のものを目の粗い布で濾過しただけの白く濁ったもの。
樽酒	清酒を樽で保管し、木の香りをうつしたもの。
古酒	清酒を3年以上貯蔵し、熟成させたもの。

食酢

食酢とは

食酢は、原料となる穀物または果実から酒を醸造し、そこへ酢酸菌を加えて酢酸発酵させた酸性調味料です。塩に次いで古くから人間が利用した調味料と考えられています。1979年に「食酢の日本農林規格法」が公示・施行され、JASでの呼称が食酢となりました。

食酢の効果

食酢は調味料としてでなく飲料やほかの用途でも用いられています。

食欲増進
食酢の持つ爽やかな酸味が、嗅覚と味覚を刺激し、唾液や胃液の分泌を促して食欲を増進させます。

減塩
食酢にに塩味を強く感じさせる効果があります。そのため食酢を加えることで、塩分を控えることができます。

防腐効果
食酢の主成分である酢酸に細菌の増殖を抑える効果があり、食酢を使った料理は腐りにくいです。ピクルス、らっきょう漬けもその例。

疲労回復
食酢は疲労の原因となる乳酸を分解する効果があります。そのため、摂取すると疲労回復に役立ちます。

消化促進
食酢には消化液の分泌を促す効果があります。また、クエン酸が体内に吸収されにくいミネラルを吸収しやすい形に変えてくれます。

便秘解消 肥満防止
腸内の悪玉菌を減らして善玉菌を増殖させ、便通を正常化させます。また、グルコシダーゼという糖質分解酵素の活性を抑制し、食後の急激な血糖値の上昇を緩和することが肥満防止に繋がります。

血圧上昇防止
食酢に含まれる成分に、血圧を上昇させるアンジオテンシン変換酵素を阻害する物質があることが認められています。

殺菌効果
食酢には抗菌効果があることから、「自然の抗菌剤」ともいわれています。サルモネラ菌、ブドウ球菌、腸炎ビブリオといった食中毒菌に対して静菌効果、殺菌効果があり、まな板をはじめとするキッチンまわりの洗浄にも利用されます。

食酢の製造方法

製造法には伝統的な静置発酵法（せいちはっこうほう）と、大量生産向けの全面発酵法（ぜんめんはっこうほう）があります。

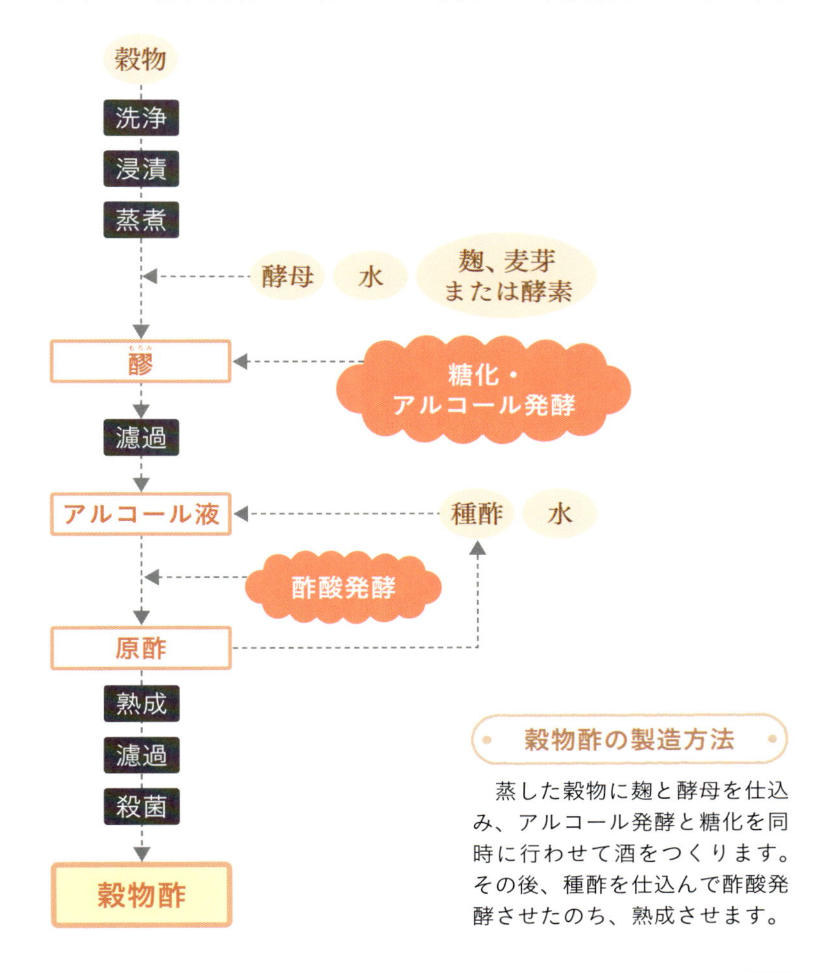

穀物酢の製造方法

蒸した穀物に麹と酵母を仕込み、アルコール発酵と糖化を同時に行わせて酒をつくります。その後、種酢を仕込んで酢酸発酵させたのち、熟成させます。

酢分類	製造法	特徴
醸造酢	静置発酵法	伝統製法。表面発酵法、長期発酵法とも。アルコール液を発酵槽に入れ、表面に酢酸菌の膜を繁殖させて酢酸発酵を行う。黒酢のかめ壺仕込み製法もこの一種。醸造に要2カ月以上。
	全面発酵法	大量生産向け。酢酸濃度の高い酢を短時間に製造する方法で、連続法、連続深部発酵法、通気法などがある。発酵期間は数時間～48時間。
合成酢		主に工場用（詳しくはP.60）

食酢の分類

食酢は醸造酢と合成酢に分けられます。醸造酢は米、麦、トウモロコシなどの穀類や果実、野菜等を原料として、これをアルコール発酵させたのち酢酸発酵させたもの。JAS規格では酸度4.0%以上、無塩可溶性固形分1.3〜8.0%と規定されています。合成酢は氷酢酸や酢酸を水で薄め、砂糖類や調味料を加えて製造したものです。生産量は少なく、ほぼ業務用です。

醸造酢はさらに原料によって穀物酢と果実酢に分類。穀物酢は穀物の使用量が40g/L以上のもので、そのうち米酢は米の使用量が40g/L以上のものをいいます。果実酢は果実の使用量が300g/L以上のものをいいます。

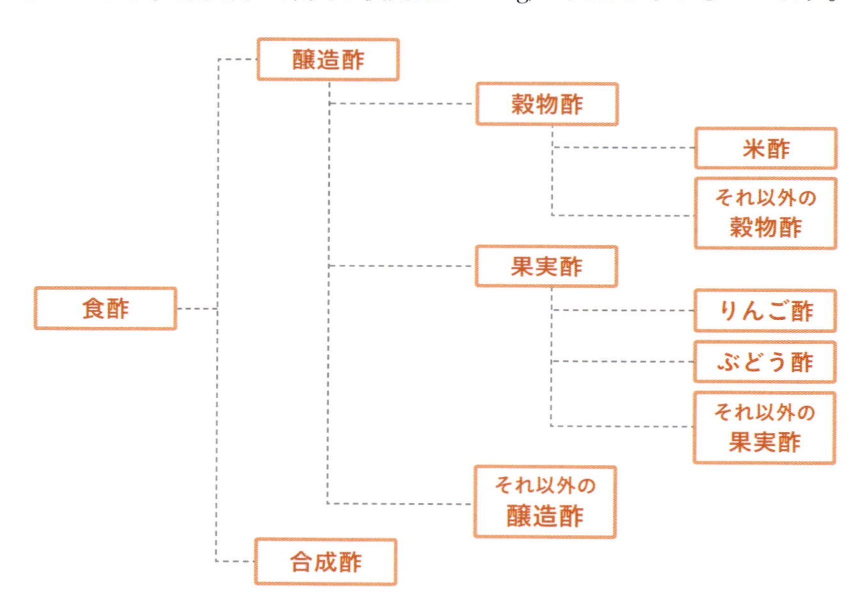

Column

もろみ酢とさまざまな加工酢

泡盛の製造過程でできるもろみ粕をしぼってつくるもろみ酢は、厳密にいうと食酢ではなく、清涼飲料水に分類されます。主成分がクエン酸とアミノ酸で、酢酸発酵していないためです。しかし栄養価は高く、クエン酸による疲労回復効果などが期待できます。その他にも、食酢に砂糖や醤油などのその他の調味料を加えてつくるすし酢や、酢・醤油・みりんを配合した三杯酢、土佐酢、吉野酢などの加工酢や梅酢は、食酢には含まれません。

米酢（こめず）

主な原料	米、米麹
発酵・熟成期間	2時間〜100日
エネルギー	46kcal
食塩相当量	0g

米でつくるポピュラーな酢

米を原料とする穀物酢（1L当たり40g以上米を使用）。穀物類や酒粕を加える場合もあり、米だけでつくったものを純米酢ということも。穀物でつくった穀物酢よりもまろやかな味わいで、寿司飯や酢の物など和食に合います。

保存方法

直射日光を避け、冷暗所で常温保存。夏など暑い時期は冷蔵庫へ。

栄養成分と健康・美容効果

栄養成分はカリウム、ビタミンB6、パントテン酸など。主成分である酢酸が体内でクエン酸に変化し、疲労回復効果をもたらします。

粕酢（かすず）

主な原料	酒粕
発酵・熟成期間	100日以上
エネルギー	40kcal
食塩相当量	0g

寿司の"赤しゃり"のもと

酒粕を原料とした穀物酢。日本独特のもので、古くから米酢とともに酢飯に使われてきました。熟成させた酒粕に水を加え、それを濾してアルコールを添加し、酢酸発酵・熟成させてつくります。赤みを帯びるため赤酢とも呼ばれます。

保存方法

直射日光を避け、冷暗所で常温保存。夏など暑い時期は冷蔵庫へ。

栄養成分と健康・美容効果

栄養成分はカリウム、ビタミンB6、パントテン酸など。主成分である酢酸が体内でクエン酸に変化し、疲労回復効果をもたらします。

くろず
黒酢

主な原料	玄米、米麹		
発酵・熟成期間	1年以上		
エネルギー	46kcal	食塩相当量	0g

長期間発酵・熟成し褐色に

玄米を原料にした米酢で、玄米使用量が1L当たり180g以上で褐色のものを指します。鹿児島県福山町周辺において壺の中でつくられる黒酢は壺酢（つぼす）といい、名産品です。調理に使うほか、薄めて健康飲料としても親しまれています。

保存方法

直射日光を避け、冷暗所で常温保存。開封後は冷蔵保存するのがベター。

栄養成分と健康・美容効果

クエン酸、アミノ酸、ミネラル、ビタミンB群などが豊富といわれ、血流の改善や疲労回復、脂肪燃焼効果などが期待できます。

ばくがす
麦芽酢

主な原料	大麦など		
発酵・熟成期間	6カ月以上		
エネルギー	25kcal	食塩相当量	0g

ビールのような風味

大麦などを原料にした穀物酢。大麦、小麦、トウモロコシなどの穀類デンプンを麦芽で糖化し、アルコール発酵、酢酸発酵をさせてつくります。モルトビネガーともいわれ、イギリスで一般的です。フィッシュ&チップスなど洋風料理に。

保存方法

直射日光を避け、冷暗所で常温保存しましょう。

栄養成分と健康・美容効果

大麦由来のタンパク質や水溶性食物繊維のβ－グルカンが、麦芽酢にも含まれています。血糖値の上昇を抑制する効果が期待できます。

リンゴ酢(す)

主な原料	リンゴ果汁
発酵・熟成期間	6カ月以上
エネルギー	26kcal
食塩相当量	0g

フルーティーな香りと味

リンゴの果汁をアルコール発酵、酢酸発酵させて熟成させた果実酢。リンゴの搾汁が1L当たり300g以上のものを指します。世界で広く親しまれている食酢で、アメリカではリンゴ酢が最も一般的な食酢です。ドレッシングなどに。

保存方法

直射日光を避け、冷暗所で常温保存。開封後は冷蔵保存するのがベター。

栄養成分と健康・美容効果

栄養成分は炭水化物、ナトリウム、カリウム、リン、ビタミンB12など。ポリフェノールによる血流改善や免疫力を高める効果も期待。

ブドウ酢(す)

主な原料	ブドウ果汁
発酵・熟成期間	6カ月以上
エネルギー	22kcal
食塩相当量	0g

フランスで親しまれる

ブドウ果汁からワインをつくり、それを酢酸発酵させて熟成させた果実酢。ブドウの搾汁が1L当たり300g以上のものを指します。白ブドウでつくった白酢と赤ワイン用のブドウでつくった赤酢があり、ワインビネガーともいわれます。

保存方法

直射日光を避け、冷暗所で常温保存。開封後は冷蔵保存するのがベター。

栄養成分と健康・美容効果

栄養成分は炭水化物、カリウム、リンなど。ブドウポリフェノールを含み、抗酸化作用で老化防止や発がん抑制などが期待できます。

みりん

主な原料	もち米、米麹、焼酎またはアルコール
発酵・熟成期間	2カ月以上
エネルギー	241kcal　食塩相当量 0g

料理に甘みと照りを加える

本みりんはもち米、米麹、焼酎またはアルコールを原料として醸造され、45％以上の糖分と11～14％のアルコール分を含有する酒類調味料。起源は、戦国時代に中国から密淋（ミイリン）という甘い酒が伝わった説と、日本に古くからあった甘い酒に腐敗防止で焼酎を加えたものがもとという説があります。最初は飲料用でしたが、江戸時代後期からそばつゆなどの調味料として使われるようになりました。

みりんの効果

照り・つやを出す	みりんの複数の糖類が加熱されることで膜をつくり、照り・つやが出ます。
コク・うま味を引き出す	アミノ酸やペプチドなどのうま味成分と糖類等が絡み合い、コクとうま味を生み出します。
消臭効果	アルコールが蒸発する際、魚や肉などの生臭い成分も一緒に蒸発するため、生臭さを消します。
煮崩れを防ぐ	みりんに含まれるアルコールと糖類が材料の組織を引き締めるため、煮崩れが防止されます。
上品でまろやかな甘み	砂糖の甘さはショ糖のみですが、みりんにはブドウ糖など複数の糖が含まれ、上品な甘さになります。

保存方法

直射日光を避け、冷暗所で常温保存しましょう。

栄養成分と健康・美容効果

栄養成分は炭水化物、カリウム、リンなど。糖分やアルコール、クエン酸を含むので、疲労回復効果があるといえます。

こぼれ話

1593年の文献「駒井日記」によると当時みりんは「蜜淋酎」といい、甘く貴重な酒として上層階級に飲まれていました。

みりんの分類

みりんは大きく、「本みりん」と「本直し」「みりん類似調味料」に分かれます。みりん類似調味料は、これらみりんとは似て非なるものです。

	本みりん		本直し	みりん類似調味料	
	本格本みりん	本みりん	本直し	発酵調味料	みりん風調味料
別名（俗名）	みりん	みりん	本直し・柳陰（やなぎかげ）	塩みりん・酒みりん	新みりん・みりん風味
区分	酒類調味料	酒類調味料	リキュール	食品	食品 （合成甘味調味料）
酒税	課税	課税	課税	非課税	非課税
アルコール度数	14%程度	14%程度	22%程度	14%程度	1%未満
概要	愛知県の三河地方で古くから伝わる、伝統的製法でつくられた本みりん。三河みりんともいい、もち米、米麹、米焼酎だけを原料としています。	醸造アルコール（焼酎甲類）で仕込まれたみりん。戦後につくられるようになり、市場に最も出回っています。もち米に加えて糖類を使うこともあります。	みりんに焼酎やアルコールを加えてアルコール濃度を高めたものです。ハブ酒や薬草酒の原料になることもあり、飲料用として使われています。	本みりんに近いですが、塩分を含むのでお酒の分類からは外れます。 酒類販売免許がなくても販売できることから、広まりました。	アルコール分を含まない甘味調味料。腐敗防止の酸味料を添加。 酒類販売免許がなくても販売できることから、広まりました。
原材料	もち米・米麹	もち米・米麹	もち米・米麹	米・米麹	水あめ・調味料
	米焼酎	醸造アルコール・糖類	焼酎	醸造アルコール	酸味料・着色料
				糖類・食塩（2%程度）	うるち米

発酵調味料

戦後に課税を避けるため誕生し、塩みりん、酒みりんともいわれます。アルコール発酵した液体に塩を加え、目的に応じて糖類などを加えています。アルコール度数は10～14%ですが、塩が入っているので酒税法外となり低価格で販売できます。料理酒もこの発酵調味料の一種ですが、塩分が入っていないものはこの分類には属しません。

みりん風調味料

アミノ酸や糖分、有機酸を混合した調味料。アルコールは1%未満で、発酵はしていません。戦後に贅沢品として本みりんに高い酒税が課せられた際、課税を避けるため誕生。低価格で酒類販売免許がなくても販売できるため、高度経済成長期の大型スーパーの増加とともに広まりました。本みりん同様、料理に甘みや照りを出してくれます。

納豆（なっとう）

納豆とは

納豆は大豆を原料とした発酵食品。多くの日本人に愛され、茨城県や福島県を中心とした関東・東北地方では郷土料理としても親しまれています。「糸引き納豆」と「塩辛納豆」の２種類がありますが、一般的に納豆といえば納豆菌を用いる糸引き納豆を指すことが多いです。現在日本で主に使用されている納豆菌は「宮城野（みやぎの）菌」「成瀬菌」「高橋菌」。納豆菌の付着する表面積が多いひき割り納豆が、納豆菌による栄養素が最も高いと考えられます。また山形県米沢地方には、ひき割り納豆に麹、塩を加えてペースト状にした「雪割り納豆」があり、「五斗（ごと）納豆」とも呼ばれます。

納豆の栄養素

大豆が発酵することにより、大豆に含まれるタンパク質が分解されてうま味成分に変わり、栄養価も味わいもよくなります。ナットウキナーゼという酵素が含まれ、心筋梗塞や脳梗塞を引き起こす原因となる血栓を溶かす血栓溶解酵素として、とても注目されています。これは夕食で摂取するとより効果的。また悪玉コレステロール値を下げるリノール酸を含み、納豆のネバネバの主成分であるポリグルタミン酸は肌の保湿効果や胃壁を保護する効果があるとされています。ちなみに、納豆をかき混ぜる際に砂糖を加えると粘りがよくなります。

ミネラル

大豆には亜鉛、銅、カルシウム、マグネシウムなどの成分が多く、発酵していることで吸収されやすくなります。

オリゴ糖

大豆に由来するオリゴ糖が多く含まれています。これは腸内細菌の善玉菌の栄養源となります。

アミノ酸

大豆タンパク質がプロテアーゼという酵素によって分解されてアミノ酸に。消化されやすくなるとともにうま味成分が豊富になります。

ビタミン類

成長促進に重要なビタミン B_2 が発酵により多く生成されています。また、骨粗しょう症予防に効果のあるビタミン K_2 も多いです。

糸引き納豆（いとひきなっとう）

主な原料	大豆
発酵・熟成期間	1～3日
エネルギー	200kcal　食塩相当量 0g

ネバネバとした糸を引く

蒸した大豆に納豆菌を繁殖させて発酵したもの。独特の香りと粘りがあります。伝統的なつくり方では、蒸した大豆を稲わらづとで包み40℃ほどで保温し1日置くと、稲わらに付着している納豆菌が大豆に移行して発酵が起こります。

保存方法

冷蔵庫で保存しましょう。冷凍保存も可能です。

栄養成分と健康・美容効果

栄養成分はタンパク質、カリウム、ビタミンB2・K、葉酸など。ビタミンが豊富。ナットウキナーゼの心筋梗塞や脳梗塞防止効果に期待。

塩辛納豆（しおからなっとう）

主な原料	大豆、塩、麹
発酵・熟成期間	6～12カ月
エネルギー	271kcal　食塩相当量 14.2g

ポロポロとした塩味の納豆

麹と塩水で大豆を発酵、天日干し乾燥させたもの。奈良時代に中国から伝わったため「唐（から）納豆」や、寺でつくられていたため「寺（てら）納豆」ともいいます。京都発祥の「大徳寺納豆」などがあります。黒褐色で塩気が強く、酒の肴や調味料にも。

保存方法

直射日光を避け、冷暗所で保存。開封後は冷蔵庫へ。乾燥に注意。

栄養成分と健康・美容効果

栄養成分はタンパク質、ナトリウム、カリウム、ビタミンB2、食物繊維など。塩分が多いので食べすぎに注意しましょう。

漬物（つけもの）

漬物とは

漬物は、野菜などを長期保存するために塩や米ぬかなどに漬けた保存食です。発酵した漬物と発酵していない漬物があり、前者は野菜などに存在する乳酸菌が糖分をエサに発酵し、漬け汁を酸性にすることにより雑菌の繁殖を防ぎ、食品を長持ちさせます。

漬物の栄養素

漬物を食べると、野菜が持つビタミンや食物繊維を摂取することができます。また漬物に含まれる植物性乳酸菌は、腸の中の善玉菌を増やし、悪玉菌を減らす働きがあります。特に京都の漬物「すぐき漬」には、免疫力をアップする乳酸菌のラブレ菌が含まれていることで注目されています。

ぬか漬け（づ）

主な原料　野菜、米ぬか
発酵・熟成期間　5 ～ 48 時間
エネルギー　27kcal　食塩相当量　2.5g
（ナスのぬか漬け）

江戸時代から存在

米ぬかに塩と水を混ぜてぬか床にし、野菜を漬けたもの。野菜の乳酸菌がぬかに含まれる糖やタンパク質を分解しうま味を生成します。ほかに酪酸菌、産膜酵母もかかわり、この３種のバランスが崩れると味や香りが悪くなります。

保存方法

市販品は冷蔵保存。家庭でつくったぬか床は 15 ～ 25℃の常温で。

栄養成分と健康・美容効果

栄養成分はナトリウム、カリウム、リン、ビタミン A・B1・B6 など。植物性乳酸菌と食物繊維が腸内環境を整えます。

粕漬け

（かすづ）

主な原料	野菜、酒粕、塩、砂糖
発酵・熟成期間	3カ月以上
エネルギー	157kcal　食塩相当量 4.3g

（奈良漬け）

酒粕の風味が魅力

野菜を酒粕、またはみりん粕に漬けたもの。白瓜を酒粕に漬けた奈良の「奈良漬け」や守口（もりぐち）大根を漬けた愛知の「守口漬け」が有名。塩漬けの野菜を酒粕と砂糖を混ぜたものに3カ月〜1年以上漬けます。魚や肉を漬けることも。

保存方法

冷蔵保存が一般的です。開封後は早めに食べきるようにしましょう。

栄養成分と健康・美容効果

栄養成分はナトリウム、カリウム、ビタミンB6、葉酸、食物繊維など。美肌効果や血圧上昇を抑える効果などが期待できます。

麹漬け

（こうじづ）

主な原料	野菜、米麹、塩、砂糖
発酵・熟成期間	1〜6日
エネルギー	57kcal　食塩相当量 3.0g

（べったら漬け）

米麹の甘みが食欲増進

米麹に塩や砂糖を混ぜて発酵させ、野菜を漬けたもの。大根を漬けた東京の「べったら漬け」や福島の「三五八（さごはち）漬け」、刻んだ青唐辛子を漬けた北海道・東北地方の「三升（さんしょう）漬け」が有名。米麹の甘みが野菜のうま味をアップさせます。

保存方法

冷蔵保存が一般的です。開封後は早めに食べきるようにしましょう。

栄養成分と健康・美容効果

栄養成分はナトリウム、カリウム、ビタミンC、食物繊維など。麹の力で美肌効果や疲労回復、代謝アップなどが期待できます。

かつお節

主な原料	カツオ		
発酵・熟成期間	6 ～ 12 カ月		
エネルギー	356kcal	食塩相当量	0.3g

世界で最もかたい食品

カツオの肉を加熱して乾燥させた保存食品。発祥の地はモルディブ共和国といわれ、食生活にかつお節が根付いているのはモルディブと日本だけです。日本では「古事記」に「堅魚」として登場し、燻煙による加工法が開発されたのは江戸時代中期。カツオをゆでて干した生利節（なまりぶし）、それを燻して乾かした荒節（あらぶし）、荒節にカビを1度つけた枯節（かれぶし）、2度以上つけた本枯節（ほんかれぶし）があります。発酵食品は枯節、本枯節のみです。

かつお節の主な種類

荒節 カツオを煮詰めてから燻製にしたもの。強い香りでコクのある出汁が取れ、関西で好まれます。味噌汁や煮物に適しています。

枯節 カツオを煮詰めてから燻製にし、カビ付けしたもの。まろやかな香りで上品な味の出汁が取れ、関東で好まれます。お浸しやお吸い物に。

まぐろ節 キハダマグロを原料にしたもの。かつお節に比べて色が淡くあっさりとした出汁が取れ、お吸い物に適しています。削り節は飾り用にも。

そうだ節 ソウダガツオを原料にしたもの。独特のコクやうま味がある出汁が取れ、そばやうどんの出汁として使われています。

さば節 主にゴマサバを原料にしたもの。カツオに比べて脂肪分が多く、甘みやコクの強い出汁が取れます。温かいうどんの出汁に適しています。

保存方法

カビがつきやすいので、荒節は冷蔵保存。本枯節は高温多湿を避けて冷暗所で保存しましょう。

栄養成分と健康・美容効果

栄養成分はタンパク質、カリウム、リン、ビタミンB6・B12・D・Eなど。食欲を抑制するヒスチジンというアミノ酸が含まれます。

こぼれ話

「花がつお」として販売されているかつお節は荒節を削ったもの。出汁用ではなく主にお好み焼きなどにトッピングとして使われます。

チーズ

主な原料　牛乳、水牛の乳、ヤギの乳、羊の乳
発酵・熟成期間　1年〜数年
エネルギー　346kcal　食塩相当量　0.7g
（クリームチーズ）

世界各地で親しまれる

牛乳などの乳に酵素と乳酸菌を加えて発酵させ、水分を抜き固め熟成させたもの。乳や酵素・乳酸菌の種類、製法の違いなどで世界には数千種類のチーズが存在しており、グラタンやサンドイッチの具材など日本の食卓でもおなじみです。また、加熱せずに酵素や乳酸菌の活性を残したものを「ナチュラルチーズ」、加熱して発酵を止め乳化剤で成形したものを「プロセスチーズ」といいます。

チーズの主な種類

モッツァレラ イタリアが主な産地。原料は牛乳や水牛の乳で、カードという固まった乳に熱湯を加え練り上げ、引きちぎって成形します。

カマンベール フランスが主な産地。白カビの力で発酵させたチーズで、表面が白カビに覆われ、中はトロリとしています。

ゴルゴンゾーラ イタリアが主な産地。青カビを使い、ロックフォール、スティルトンとともに世界三大ブルーチーズに数えられます。

チェダー イギリスが主な産地。ハードチーズの一種で、着色したレッドと無着色のホワイトがあります。ナッツのような風味。

ゴーダ オランダが主な産地。セミハードチーズの一種で、バターのような風味。プロセスチーズの原料にも使われます。

保存方法

冷蔵保存をして、開封したら早めに食べきりましょう。乾燥しないようラップで包むのもおすすめ。

栄養成分と健康・美容効果

種類により栄養素は異なりますが、どれもカルシウムが豊富。また、肝臓の機能を助ける必須アミノ酸のメチオニンが含まれています。

こぼれ話

プロセスチーズはチェダー、ゴーダ、エダムなどのナチュラルチーズを数種類合わせて製造。主に日本とアメリカでよく食べられます。

ヨーグルト

主な原料　牛乳
発酵・熟成期間　4～8時間程度
エネルギー　62kcal　食塩相当量　0.1g
（プレーンヨーグルト）

数千年前から存在

牛乳や水牛の乳、羊の乳などを乳酸菌によって発酵させたもの。6000～8000年前に中央アジアで偶然生まれたのが始まりといわれています。世界的にヨーグルトが普及したきっかけは、ロシアの生物学者メチニコフによる「不老長寿論」(P.18)。ヨーグルトが長寿に繋がるということを世間に知らしめました。発酵させてから容器に入れる「前発酵」、容器に入れてから発酵させる「後発酵」があります。

ヨーグルトの主な種類

プレーンヨーグルト 主に後発酵で作られるヨーグルト。メーカーにより使用する乳酸菌の種類はさまざまで、それにより風味も異なります。

ハードヨーグルト 牛乳を発酵させ、果汁やゼラチン、寒天などを加えて固めたヨーグルト。前発酵、後発酵どちらのタイプもあります。

ソフトヨーグルト プレーンヨーグルトをかき混ぜてなめらかにし、フルーツや甘味料を加えたもの。前発酵でつくられます。

フローズンヨーグルト ヨーグルトに空気を含ませて冷凍したもの。アイスクリームのように食べられます。含まれる乳酸菌は生きています。

ドリンクヨーグルト ヨーグルトを攪拌して液状にしたもの。前発酵タイプで、甘味料や果汁などを加えて飲みやすくしたものが多いです。

保存方法

必ず冷蔵保存をすること。開封したら賞味期限にかかわらず早めに食べきりましょう。

栄養成分と健康・美容効果

ヨーグルトに含まれる乳酸菌が腸内で善玉菌を増やし、腸内環境を改善。アレルギーの抑制や免疫力アップなども期待できます。

こぼれ話

世界にはラクダの乳でつくるレバン(サウジアラビア)、牛や水牛の乳でつくるダヒ(インド)などのヨーグルトも。飲み物のラッシーはダヒでつくります。

発酵バター

主な原料	牛乳
発酵・熟成期間	12 ～ 48 時間
エネルギー	752kcal
食塩相当量	1.3g

ヨーロッパで一般的

バターには無発酵バターと発酵バターがあり、日本で流通しているのは無発酵タイプがほとんどです。発酵バターは一般的に牛乳から分離したクリームを乳酸発酵してバターにしたものですが、バターにしてから乳酸菌を添加したものもあります。使用する乳酸菌によって風味は変わりますが、無発酵バター同様に使えます。有塩タイプはパンにつけたり料理に、無塩タイプはお菓子やパンづくりに適します。

Column

各地の発酵バター

ヨーロッパではバターといえば発酵バターが一般的。各地でさまざまな発酵バターが生産されています。高級バターとして近年話題となっているエシレバターは、フランス中西部のエシレ村で生産された発酵バター。なめらかな口当たりと芳醇な香りが特徴で、昔ながらの木製のチャーンといわれる撹拌機で練り上げられます。同じくフランスのノルマンディー地方も発酵バターで有名で、濃厚なミルクの風味が感じられます。

保存方法

冷蔵保存が基本。開封したらなるべく早めに使いきりましょう。ラップに包んで冷凍保存も可能です。

栄養成分と健康・美容効果

栄養成分はタンパク質、脂質、ナトリウム、ビタミンA、脂肪酸など。無発酵バターと違い、乳酸菌による整腸作用が期待できます。

こぼれ話

無発酵バターが誕生したのは技術の進歩後。古くは牛乳からクリームを分離する間に発酵が進み、発酵バターしか存在しませんでした。

サワークリーム

主な原料	生クリーム
発酵・熟成期間	6〜10時間
エネルギー	194kcal　食塩相当量 0.07g

生クリームを乳酸発酵

生クリームを乳酸菌によって発酵させたもので、爽やかな酸味が特徴。生クリームを一度殺菌してから乳酸菌を加える製法と、発酵させた後に乳酸菌を殺菌する製法があります。生クリームより日持ちし、そのまま食べたり料理に入れたりと、使い勝手がよい食品です。フランス生まれで酸味が穏やかなクレーム・エペスや、ボルシチに混ぜたりして使うロシアのスメタナなどがあります。

Column

サワークリーム活用法

日本の食卓ではあまりなじみのないサワークリームですが、欧米では調味料としてドレッシングのベースにしたり、チーズケーキやスコーンなどのお菓子の材料としても幅広く使われています。ジャガイモとも相性抜群で、マヨネーズの代わりにポテトサラダに加えたり、蒸したジャガイモやフライドポテトに添えて一緒に食べるのもおすすめ。いつものカレーやシチューに加えるだけでも、コクが出ておいしくなります。

保存方法

必ず冷蔵保存をすること。開封したら早めに食べきりましょう。冷凍保存はできません。

栄養成分と健康・美容効果

アミノ酸、ミネラルなど。乳酸発酵しているので免疫力アップやアンチエイジング、肌荒れや骨粗しょう症の予防などが期待できます。

こぼれ話

3月8日はサワークリームの日。1960年に日本で初めてサワークリームを商品化した中沢乳業株式会社によって制定されました。

パン

主な原料　小麦粉
発酵・熟成期間　30分〜数時間
エネルギー　316kcal　食塩相当量　1.2g
（ロールパン）

実は発酵食品の一つ

パンも発酵を利用した食品。小麦粉に酵母や水を加えてこね、発酵させて焼き上げます。一般的に酵母に使われるのは純粋培養されたイーストで、生イーストと乾燥させたドライイーストがあります。イーストは発酵が確実で仕上がりが安定。一方、果物や穀物由来の天然酵母を用いたパンも独特の風味で人気があります。日本にパンが伝わったのは1543年、種子島に漂流したポルトガル船によってでした。

パンの主な種類

あんぱん　饅頭づくりに使われていた酒のもろみ・酒種を加えて発酵させたパンに、小豆餡を入れた日本独自のパン。明治時代に考案されました。

食パン　四角い型に入れて焼いたパン。小麦粉に塩などを加えてイーストにより発酵させ、型詰めしたあとに再び発酵させて焼き上げます。

バゲット　フランスパンの一種で、杖（フランス語でバゲット）のように長い形と硬さが特徴。小麦粉、塩、水、イーストを原料に作られます。

クロワッサン　生地にバターを練り込んで焼いた、フランス発祥のパン。三日月（フランス語でクロワッサン）の形で、サクサクとした食感が特徴。

ベーグル　ドーナツ形のパンで、アメリカでポピュラー。生地をゆでてから焼くため、小麦粉のデンプンが変化。モチモチとした食感になります。

保存方法

基本は常温保存。種類によっては、保存袋などで密封して冷凍保存することもできます。

栄養成分と健康・美容効果

栄養成分は炭水化物、タンパク質、脂質、ナトリウムなど。ライ麦を使ったパンは食物繊維を多く含み、整腸作用が期待できます。

こぼれ話

パンの歴史は古く、紀元前3800〜3500年の遺跡からも出土。小麦のお粥が吹きこぼれて焼けたものが起源といわれています。

発酵茶

主な原料	茶葉
発酵・熟成期間	20日～数十年
エネルギー	0kcal
食塩相当量	0g

カビや細菌がお茶を発酵

お茶は発酵が伴うか否かで、不発酵茶、半発酵茶、発酵茶に分類されます。緑茶やハーブティーは発酵していない不発酵茶、ウーロン茶は酵素によって発酵に似た現象を少し起こしてから釜炒りをし、酵素を不活性化させる半発酵茶に属します。発酵茶はさらに、酵素が発酵に似た現象を起こす酵素発酵茶と、カビや乳酸菌などによる微生物発酵茶に分かれます。前者は紅茶、後者はプーアール茶が代表的。

発酵茶の主な種類

紅茶 酵素発酵茶の一種。緑茶やウーロン茶と茶葉は同じですが、完全発酵すると紅茶に。ただし発酵に似た現象で、本来の発酵ではありません。

プーアール茶 中国・雲南(うんなん)省が原産。緑茶をコウジカビで発酵させたお茶で、独特の風味がします。熟成が進むほど高価になり、10年以上寝かせたものも。

碁石茶(ごいしちゃ) 高知県長岡郡大豊(おおとよ)町の特産品で、日本でも珍しい微生物発酵茶の一種。カビをつけた茶葉を茶汁で漬け込み、乳酸発酵させます。

阿波番茶(あわばんちゃ) 徳島県那賀(なか)郡那賀町や徳島県勝浦郡上勝町の特産品。ゆでた茶葉を漬け込んで乳酸発酵させ、天日干しします。甘酸っぱい香りが特徴。

富山黒茶(とやまくろちゃ) 富山県下新川郡朝日町の特産品。茶せんで泡立てて飲むため「バタバタ茶」ともいわれます。蒸した茶葉を足で踏み固めて発酵させます。

保存方法

直射日光を避けて、冷暗所で保存。缶などに入れて保管するのが望ましいです。

栄養成分と健康・美容効果

乳酸発酵をしっかりさせているので、乳酸菌が驚くほど豊富です。腸内フローラを整える効果が期待できます。

こぼれ話

碁石茶の名前の由来は、茶葉を3～4cm角に切って天日干しする様子が碁石に似ているから。

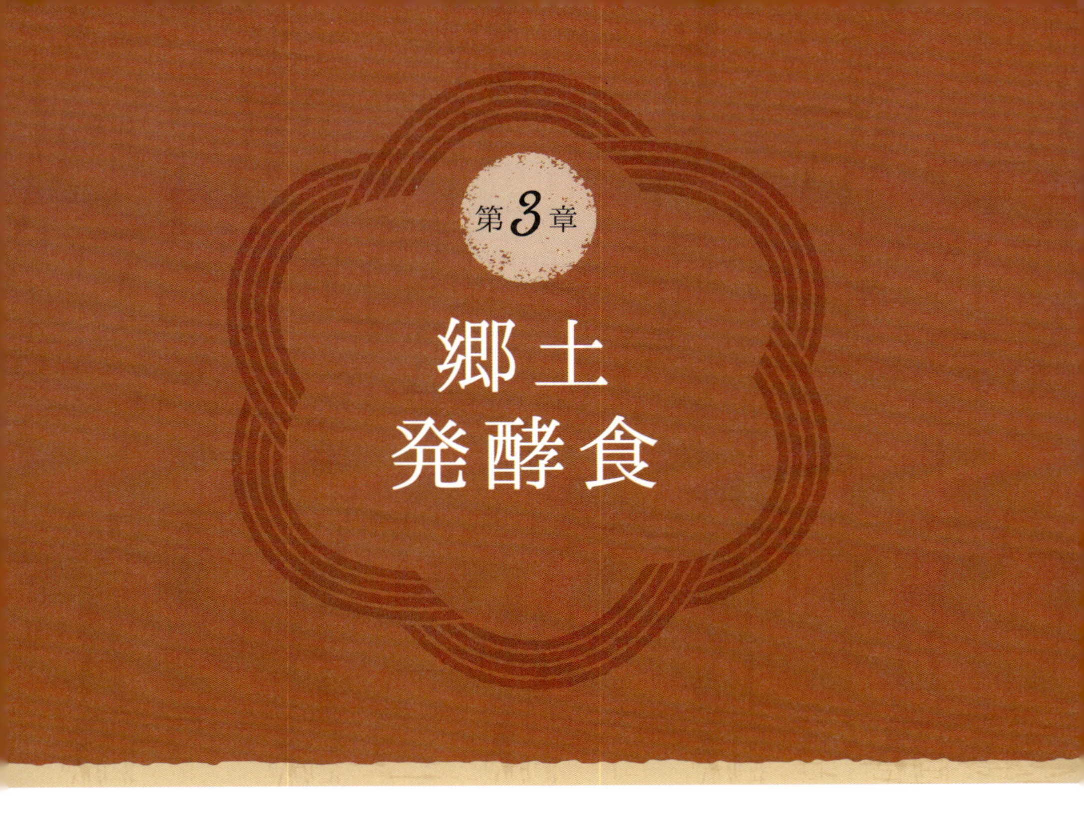

第3章

郷土発酵食

日本各地には、その土地の風土や食文化によって生まれた個性豊かな発酵食品があります。本章では、全国的に有名なものからローカル色の濃いものまで、さまざまな郷土発酵食を紹介します。

漬物

“日本で愛されるご飯のおとも”

日本に存在する漬物は600種を超えるといわれ、世界的に見ても多彩です。地方によっては、野菜だけでなく魚の漬物も食べられています。

ちなみにぬか漬けは北九州発祥といわれ、ぬか床のぬかと魚を煮た「ぬか味噌炊き」という料理があります。

魚のぬか漬け

へしこ 【福井県】

塩をふったサバをぬか漬けにした保存食で、新米のぬかが出る秋から冬にかけて仕込み、約1年かけて発酵・熟成させます。江戸時代中期にはへしこづくりが始まっていたといわれ、現在ではサバに限らず、イワシやフグ、イカなどもぬか漬けにして、福井県の名物として親しまれています。

フグの卵巣のぬか漬け 【石川県】

フグの卵巣を1年塩漬けしたあと、2年ぬか漬けしたもの。本来は致死性の高い毒素テトロドトキシンが含まれていますが、漬けることで毒素が消失。石川県の白山市美川地区、金沢市大野・金石地区、輪島市のみでつくられています。

ぬかニシン 【北海道】

ニシンをぬか漬けしたもの。北陸・山陰地方でつくられていたへしこの製法が北海道へ伝わり、食べられるようになりました。北海道の郷土料理である三平汁は、塩漬けの魚と野菜を煮込んだ汁で、ぬかニシンでもつくられます。

日本各地の主な漬物

【1 山形県】
おみ漬け
刻んだ青菜をシソの実やニンジンなどと醤油漬けにしたもの。

【2 秋田県】
いぶりがっこ
燻したダイコンのぬか漬け。独特の香ばしさと歯ごたえが特徴。

【3 岩手県】
金婚漬け
ダイコンやニンジンなどの野菜を昆布で巻き、ウリに詰めて味噌漬けにしたもの。

【4 福島県】
三五八漬け
塩3、米麹5、米8の割合でつくった漬け床に野菜や魚を漬けたもの。

【5 長野県】
野沢菜漬け
特産の野沢菜の塩漬け。
すんき漬け
赤カブの葉を乳酸菌だけで発酵させたもの。

【6 千葉県】
鉄砲漬け
塩漬けにしたウリを塩抜きし、醤油やザラメの調味液に漬けたもの。

【7 栃木県】
たまり漬け
たまりという、味噌をつくる際にできる上澄みに野菜を漬けたもの。

【8 東京都】
べったら漬け
塩で下漬けしたダイコンを米麹や砂糖で漬けたもの。甘みがある。

【9 愛知県】
守口漬け
伝統野菜である守口大根を、酒粕やみりんで長期間漬けたもの。

【10 岐阜県】
品漬け
赤カブとともにいろいろな野菜を塩漬けにした、紅色の漬物。

【11 三重県】
松阪赤菜漬け
松阪市原産の紅色のカブの一種・松阪赤菜をぬか漬けにしたもの。

【12 京都府】
千枚漬け
薄切りの聖護院かぶを重ねて漬けたもの。
すぐき漬け
カブの一種・すぐきを塩漬けにしたもの。
しば漬け
ナスなどの夏野菜と赤シソの葉の塩漬け。

【13 奈良県】
奈良漬け
白ウリを塩で下漬けし、粕漬けにしたもの。

【14 滋賀県】
日野菜漬け
カブの一種である日野菜を塩で下漬けし、ぬか漬けにしたもの。

【15 広島県】
広島菜漬け
塩で下漬けした広島菜を米麹、昆布、赤唐辛子で漬けたもの。

【16 山口県】
寒漬け
塩漬けのダイコンを寒風で干したあと、醤油やみりんで漬けたもの。

【17 島根県】
津田かぶ漬け
赤カブの一種・津田かぶを天日干しにし、ぬか漬けにしたもの。

【18 福岡県】
高菜漬け
高菜の塩漬け。九州全域で食べられる。

【19 鹿児島県】
山川漬け
乾燥させたダイコンを壺で塩漬けにしたもの。
薩摩漬け
桜島大根の酒粕漬け。

塩辛

“発酵の力で魚介のうま味アップ”

ご飯のおかずや酒の肴として、身近な存在の塩辛。魚介類の身や内臓を塩漬けにしたもので、塩分の働きで腐敗を防ぎ、発酵・熟成させることでより豊かなうま味が生成されます。代表的なものにイカの塩辛があり、イカの身と塩のみの白造り、内臓を加えた赤造り、さらにイカスミを加えた黒造りに分かれ、麹を加えることもあります。イカの塩辛は伝統的なつくり方では塩分濃度が8～15%程度ですが、近年は4～8%程度の低濃度のものも販売されています。

日本各地の主な塩辛

【❹岐阜県】
うるか
→ P.81
【❺高知県】
酒盗（しゅとう）
→ P.81
【❻佐賀県】
がん漬け
シオマネキという小さなカニを丸ごと砕き塩漬けにしたもの。
【❷富山県】
黒造り
細切りにしたイカの身と内臓、イカスミの塩辛で、黒いのが特徴。
【❸石川県】
このわた
→ P.81
【❶北海道】
めふん
サケの腎臓（せわた）の塩辛。とろりとした食感で鉄分が豊富。
切り込み
ニシンやサケ、ヒラメなど魚介類の塩辛。東北地方でも食べられる。
【❼沖縄県】
すくがらす
体長3～4cmほどのアイゴの稚魚を丸ごと塩漬けにしたもの。

酒盗（しゅとう）

【高知県】

カツオの内臓の塩辛。高知県の名物で、肴にすると酒が進んで酒を盗んでまで飲みたくなることから、土佐藩第12代藩主の山内豊資（やまうちとよすけ）が名付けたといわれています。うま味成分のグルタミン酸とイノシン酸や、肝臓の働きを助けるオルニチンが含まれています。

このわた

【石川県、愛知県など】

ナマコの腸の塩辛で、主にいりこ（干しナマコ）を製造する際の副産物を利用してつくります。ナマコは古くは「こ」と呼ばれ、その腸（わた）であることから名付けられました。カラスミ、ウニとともに日本三大珍味の一つとされ、酒の肴や熱燗の酒に入れたこのわた酒として食べられます。

うるか

【岐阜県、熊本県など】

アユの塩辛。内臓だけを使い苦みのある苦うるか、アユの卵だけを使う子うるか、白子だけの白うるか、内臓とともに身を刻んでつくる切り込みうるかなど、さまざまな種類があります。塩分濃度は17%程度と塩辛く、酒の肴にされます。ビタミンAが豊富。

魚醤（ぎょしょう）

“ 各地に伝わる魚介類の醤油 ”

魚醤とは、魚介類を原料にした醤油です。日本だけでなくアジアを中心にさまざまな国で独自の魚醤がつくられています。

魚やイカなどの魚介類を塩漬けにすると、魚介類が持つプロテアーゼというタンパク質分解酵素や乳酸菌が働き、発酵してトロトロになります。そこから液体を分離させたものが魚醤です。うま味のもとであるアミノ酸が豊富で、強いうま味と独特の香りが特徴。穀物の醤油では出せない風味を料理に加えてくれるため、各地域の郷土料理には欠かせません。なかでも、しょっつる、いしり・いしる、いかなご醤油は日本三大魚醤です。

日本各地の主な魚醤

【❻大分県】
あゆ醤油
アユに塩を加え発酵・熟成。ほかの魚醤に比べ生臭さが少ない。

【❹石川県】
いしり・いしる
→ P.83

【❺香川県】
いかなご醤油
→ P.83

【❶北海道】
ほっけ醤油
真ホッケと塩、麹でつくった魚醤。サケを原料にした魚醤もある。

【❷秋田県】
しょっつる
→ P.83

【❸山形県】
あみえび醤油
山形県の庄内浜でとれるアキアミという小さなエビでつくった魚醤。

しょっつる

【秋田県】

ハタハタを使った秋田県特産の魚醤。ハタハタの身に塩と麹、または塩のみを混ぜて1～2年発酵・熟成させて製造。1970年代以降、ハタハタの収穫量が減ってしまったため、コウナゴやイワシ、アジでもつくられています。しょっつる鍋として出汁に使われます。

いしり・いしる

【石川県】

よしり、よしるなどともいわれます。石川県内でも地域によって原料が異なり、丸ごとのイワシやイカの内臓、メギスなどでつくられます。日本の魚醤の中でも高い生産量を誇ります。野菜の煮物に使ったり、刺身醤油としても使えます。

いかなご醤油

【香川県】

春に瀬戸内海沿岸で収穫されるイカナゴでつくった魚醤です。イカナゴを塩漬けにして3～4カ月ででき、昔は各家庭でもつくられていましたが、大豆が原料の醤油の普及により衰退。しかし近年、よさが見直されています。少量を汁物に入れたり、刺身醤油などに使われます。

なれずし

“古くから伝わる寿司の原型”

なれずしは漢字で「熟鮓」または「馴鮓」と書き、魚を塩と米飯で発酵させたものです。弥生時代に稲作が渡ってきたのと同時期に伝わったと考えられ、寿司の原型ともいわれています。平安時代中期に編纂された法令集の「延喜式」には、さまざまななれずしについての記載があります。

なれずしの中でも長期間漬けた「本なれ」は米を食べないものが多く、漬け込む期間が短い「生なれ」は米と魚を一緒に食べます。中間の「半なれ」もあります。また、米飯のみで発酵させて乳酸菌が豊富な「なれずし系」と、麹を足して発酵を促し甘みが加わった「いずし系」があります。

日本各地の主ななれずし

【❼和歌山県】

サバのなれずし

→ P.85

サンマのなれずし

塩漬けにしたサンマを使用。なかには30年以上熟成させるものも。

【❹石川県】

かぶらずし

→ P.85

【❺福井県】

アユのなれずし

アユが原料。栃木、岐阜、滋賀県などでもつくられます。

【❻滋賀県】

ふなずし

→ P.85

【❶北海道】

ニシンずし

ニシンと大根などをご飯と漬けたもの。東北地方や福井県でも製造。

【❷秋田県】

ハタハタずし

お正月料理。酢漬けにしたハタハタと野菜を米飯、麹と漬けます。

【❸千葉県】

くさりずし

イワシやサバ、サンマのなれずし。唐辛子やショウガも加えます。

ふなずし

【滋賀県】

琵琶湖産のフナを使用。奈良時代、朝廷に献上された記録が残っているほど歴史が古く、なれずしの代表格です。内臓を取ったフナを塩漬けにし、米飯とともに1～2年発酵・熟成。子持ちがより珍重され、酒の肴やお茶漬けなどにして食べられています。

サバのなれずし

【和歌山県、富山県、福井県など】

日本の各地で食べられている、サバを使ったなれずし。つくり方は地域によってさまざまで、へしこ（サバのぬか漬け）を用いて米と麹で発酵させ、サバだけを食べるものや、サバを米飯と一緒に塩水で発酵させ、押し寿司のように食べるものなどがあります。

かぶらずし

【石川県】

いずしの一種。塩漬けにした薄切りのカブに同じく塩漬けしたブリを挟み、麹で1～2週間本漬けにします。発酵期間が短めなので、比較的食べやすいなれずしです。石川県では江戸時代、将軍家への献上品とされており、今もお正月に欠かせないお祝い料理です。

久寿餅（くずもち）

“和菓子で唯一の発酵食品”

関東地方で食べられている和菓子の久寿餅は、実は小麦粉を発酵させてつくる発酵食品です。起源は諸説ありますが、一説によると江戸時代に久兵衛という人が水にぬれた小麦粉を樽に入れたまま放置したことで偶然でき、彼の名前と無病長寿を祈願してこの名が付けられたといわれています。

小麦粉のデンプンのみを使用し、小麦デンプンを一年以上樽の中で乳酸発酵。そこに水を入れて上澄み液を捨てるという作業を繰り返し、独特の臭いと酸味を消します。その後、お湯と混ぜて糊化させ、高圧で蒸して固めたら完成です。ただの小麦デンプンに熱を加えた場合は、寒天ゼリーのように硬くて弾力のない固まりになりますが、発酵した小麦デンプンの場合はぷるんとした弾力のある固まりになります。

できあがった久寿餅は黒蜜ときな粉をかけて食べるのが一般的。乳酸菌が豊富で低カロリーなスイーツとして、近年見直されています。

Column

久寿餅と葛餅は別物！

「くずもち」といわれる和菓子には、関東地方の久寿餅と関西地方の葛餅、サツマイモデンプンからつくられる沖縄の芋くずがあります。

久寿餅と葛餅は混同されやすいですが、材料もつくり方も全く違います。葛餅はマメ科の多年草である葛の粉に砂糖と水を加え、火にかけながら練り上げてつくるもので、透明感があります。一方、久寿餅は小麦デンプンを発酵させたもので乳白色。どちらもぷるんとした食感を味わいます。

かんずり

“雪を利用した発酵調味料”

かんずりは新潟県妙高市でつくられる、辛みのある発酵調味料です。唐辛子を約５カ月間塩漬けにし、雪の上に３～４日間さらします。そうすることで唐辛子のアクを雪が吸い取り、程よく塩分と雑味が抜けます。それをすりつぶし、米麹と塩、ユズを加えて約３年間発酵・熟成させて完成。鍋のタレに加えたり、和洋中とさまざまな料理に少し足すと辛みとコクがプラスされます。

※「かんずり」は有限会社かんずりの登録商標です。

豆腐よう

“チーズのような味わい”

沖縄県の特産物で、乾燥させた島豆腐を米麹と泡盛、塩の漬け汁に漬け込んで発酵・熟成させます。琉球王朝時代に中国から伝わった腐乳を、泡盛で塩抜きしたことが始まりだといわれています。古くは高級食品として珍重され、製法も特定の家庭だけで受け継がれてきましたが、1980 年代に琉球大学農学部の研究により製造方法が明らかになり、一般化されました。泡盛のアテとして食べられます。

簡単お料理レシピ

発酵調味料を使えば、いつもの料理もよりおいしく仕上がります。簡単にできるレシピを４品ご紹介！

醤油粕でやわらかく！

からあげ～醤油粕仕込み～

材料（2人前）

鶏もも肉……………………1枚
醤油粕……………………大さじ1～2
片栗粉……………………適量

1. 鶏もも肉を食べやすい大きさに切る。
2. 1.に醤油粕をよく揉み込み、保存袋に入れて冷蔵庫で２～４日程度漬け込む。
3. 2.に片栗粉を少量まぶし、170℃の油でカリッと揚げる。

発酵漬け～麹の甘酒仕込み～

材料

甘酒	100g	A
酢	20ml	A
醤油	20ml	A
お好みの野菜	適量	
塩	少々	

1. Aをよく混ぜ合わせる。
2. お好みの野菜を塩もみする。
3. 2.を1.に漬け込み、冷蔵庫で保存する。
   1～3日程度で食べ頃になる。

塩麹を
野菜ダレに！

食べるニンジンドレッシング～麹仕込み～

材料

ニンジン……………………1本
リンゴ………………………1/4個
玉ネギ………………………1/8個
オリーブオイル……大さじ5
塩麹…………………………大さじ3
酢……………………………大さじ3
ニンニク……………………1/2片

1. ニンジン、リンゴ、玉ネギは適当な大きさに切る。

2. 1.とその他の材料をすべてフードプロセッサーにかければでき上がり。冷蔵で2週間程度保存可能。

サワラの漬け焼き～酒粕味噌仕込み～

材料（2人前）

酒粕味噌
- 酒粕……300g
- 味噌……200g
- 甘酒……70g
- 酒……50g

サワラ……2切れ

1. 酒粕味噌の材料をよく混ぜ合わせる。
2. サワラは振り塩をして5分ほど置き、余分な水分をふき取ってから1.に漬け込む。
3. 2～3日で完成。冷蔵庫で保存し、焼いて食べる。

※余った酒粕味噌は色々な魚や肉の漬け焼きに使用できます。

Column

熟成肉のヒミツ

熟成肉とは、低温で一定期間貯蔵し熟成させた肉のこと。熟成することでやわらかくなり、うま味や香りが濃縮されるため、2008年頃よりブームとなり、専門店も続々と登場しました。

熟成肉は厳密にいうと発酵食品とはいえませんが、腐敗しているわけでもありません。冷蔵技術がなかった時代にアメリカで始まった保存方法といわれ、現在では「ドライエイジング」という手法があります。

ドライエイジングは、室温1～2℃、湿度80％前後の保管庫に肉の塊を吊るし、風を当てて乾燥させながら熟成させる方法。死後硬直で収縮した筋肉がやわらかくなり、肉に含まれる酵素がタンパク質を分解してアミノ酸やペプチドが増えるため、うま味や香りが増大します。

中は腐敗していませんが、表面にはカビが生えるため、カビが生えた部分をカットして食べます。さらに乾燥で全体の重量が減るので、手間もコストもかかり、値段が高くなるのです。一般に流通している熟成肉は、肉を真空包装して冷蔵保存で熟成させた「ウェットエイジング」が多くなっています。

日本にも伝統的な「枝枯らし」という手法があり、枝肉のまま和牛肉を1～2カ月間熟成。よりおいしくしてから出荷するということが昔から行われてきました。

第4章 世界の発酵食

発酵食品が食べられているのは、もちろん日本だけではありません。世界のあちこちに、発酵の力でつくられた食品が存在します。ここでは、そんな多彩な世界の発酵食を紹介します。

世界の発酵食品

チーズやビールのように日本でもおなじみのものから、現地でしか味わえない珍しいものまで、主な発酵食品をピックアップしました。

【その他】

- チーズ（フランス、スイスなど）……P.71
- 生ハム（スペイン、イタリアなど）……P.101
- 白カビサラミ（イタリア、フランス、ハンガリーなど）……P.101
- ワイン（フランス、イタリアなど）……P.101
- シードル（フランス、スペインなど）……P.101
- ブランデー（フランス、イタリアなど）……P.101
- ビール（ドイツ、チェコなど）
  麦芽を糖化し、ビール酵母でアルコール発酵させた醸造酒。

【❶スウェーデン】

- シュール
  ストレミング……P.101

【❷オランダ】

- ジン……P.101

【❸ドイツ】

- ザワークラウト……P.99
- セルベラート……P.99
- ミッシュブロート……P.99

【❹イギリス】

- マーマイト……P.100
- ウスターソース……P.100
- ピクルス……P.100

【❺イタリア】

- アンチョビ……P.99
- コラトゥーラ……P.99
- ペパロニ……P.100
- パネトーネ……P.100

【❻ブルガリア】

- ヨーグルト……P.72

【❼スペイン】

- チョリソ……P.100

【❽マダガスカル】

- バニラビーンズ……P.103

【⓬中国、台湾】

- 腐乳（ふにゅう）……P.97
- 臭豆腐（しゅうどうふ）……P.97
- メンマ
  麻筍（まちく）といわれるタケノコを乳酸発酵させ、乾燥。それを水で戻したもの。

【❾ロシア】

- ウォッカ……P.103

【❿モンゴル】

- 馬乳酒（ばにゅうしゅ）……P.97

【⓫インド】

- ナン……P.98

世界の主な発酵食品

【13 韓国】

- キムチ……P.96
- ホンオフェ……P.96
- マッコリ
  米などをアルコール発酵させた醸造酒。白濁している。
- コチュジャン
  もち米や小麦、唐辛子粉、メジュといわれる大豆の麹などを発酵させた甘辛の味噌。

【14 タイ】

- カピ……P.97
- ナンプラー
  イワシやアジなどを原料にした魚醤。魚を塩漬・発酵させ、その上澄み液を熟成する。

【15 中国】

- 金華火腿（ジンホアホオトゥイ）……P.96
- 豆板醤（トウバンジャン）……P.96
- 甜麺醤（テンメンジャン）……P.96
- ザーサイ
  搾菜（ザーサイ）の茎を塩漬け・日干しし、白酒などで漬けて発酵させたもの。
- 香醋（こうず）
  もち米が原料の褐色の酢で、長期熟成してつくられる。
- 紅醋（あかず）
  もち米や赤米、紅麹菌を用いてつくる赤い色の酢。
- 白酒（バイチュウ）
  高粱やトウモロコシなどからつくられる蒸留酒。
- 黄酒（ホアンチュウ）
  もち米やうるち米などが原料の醸造酒。紹興酒も含む。

【16 フィリピン】

- ナタデココ……P.98
- パティス……P.98

【17 インドネシア】

- テンペ……P.97
- ケチャップ……P.98
- トラシ……P.98

【18 ミャンマー】

- ンガピャーイェー……P.98

【19 ラオス】

- ナンパー……P.98

【20 ベトナム】

- ニョクマム……P.97

【21 カナダ】

- キビヤック……P.102

【22 アメリカ】

- タバスコ……P.102
- ウイスキー……P.102

【23 メキシコ】

- プルケ……P.103
- テキーラ……P.103

【24 ジャマイカ】

- ラム……P.103

【25 エチオピア】

- インジェラ……P.102

【26 ナイジェリア】

- ヤシ酒……P.103

アジアの発酵食品

日本の味噌や醤油のように、アジアの各国でその土地の料理に欠かせない発酵食品が多数あります。なかには、キムチや豆板醤など、日本でも親しまれている発酵食品も少なくありません。

キムチ

韓国

キムチ

野菜に塩や唐辛子、ニンニク、アミの塩辛などをまぶして乳酸発酵させたもの。乳酸菌や食物繊維が豊富。白菜キムチのほか、キュウリのオイキムチ、大根のカクトゥギ、唐辛子を使わずに漬け汁も食べる水キムチなど、多くの種類があります。

韓国

ホンオフェ

韓国語でホンオという、エイの一種・ガンギエイの刺身を発酵させたもの。ホンオの持つ尿素が分解されてアンモニアが発生するため臭いが強く、スウェーデンのシュールストレミングに次いで「世界で二番目に臭い食べ物」といわれています。

中国

金華火腿（ジンホアホオトゥイ）

中国浙江（せっこう）省金華（ジンホア）市でつくられる高級ハムで、世界三大ハムの一つです。肉質のよい両烏豚（リアンウートゥン）という豚のモモを約2カ月間塩漬けにして乾燥させ、5カ月ほど発酵・熟成させます。スープの出汁を取ったり、煮物や炒め物に使われます。

中国

豆板醤（トウバンジャン）

そら豆を原料にした発酵調味料で、現在は唐辛子を使った辛いものが一般的です。2～5年ほど熟成させるため、辛みは角が取れてマイルドに仕上がります。四川省のものが有名で、麻婆豆腐や回鍋肉など四川料理の味付けに使われます。

中国

甜麺醤（テンメンジャン）

小麦粉に塩と麹を加えた発酵調味料。赤黒い色で、小麦由来の甘さが特徴です。本来は大豆を使用しませんが、日本で製造されているものの中には大豆を用いたものもあります。北京ダックを食べる際の卓上調味料として欠かせません。

腐乳

中国、台湾

腐乳（ふにゅう）

豆腐を発酵させたもので、豆腐にカビを添加してつくられます。1～2カ月間発酵・熟成させるとクリーム状になり、「東洋のチーズ」ともいわれます。塩味が強いため、爪楊枝などで削ってそのまま少量ずつ食べたり、お粥の味付けに使われます。

中国、台湾

臭豆腐（しゅうどうふ）

発酵菌や植物などで発酵させた塩水に、塩漬けした豆腐または新鮮な豆腐を漬けたもの。豆腐自体は発酵していませんが、発酵液による強烈な臭いが特徴。台湾では揚げものにしたり、辛い鍋の具にしたりと多様な調理法で食べられています。

モンゴル

馬乳酒（ばにゅうしゅ）

馬乳を発酵させた飲み物。モンゴルでは「アイラグ」、キルギス語では「クミス」と呼ばれます。アルコール度数は1～3%と低く、微発泡性で酸味があります。モンゴルをはじめ中央アジアやコーカサス地方などの遊牧民によってつくられます。

タイ

カピ

オキアミや小エビを塩漬けにして発酵させたペースト状の調味料です。グルタミン酸を多く含み、強いうま味が特徴。臭いも強烈ですが、炒めるなど加熱することで香ばしい風味に変化。中国でも類似した発酵調味料「蝦醤（シャージャン）」があります。

ベトナム

ニョクマム

ベトナム料理には欠かせない魚醤で、小魚を塩漬けにして発酵させ、その上澄み液を用います。タイのナンプラーより発酵の程度が弱く、魚の臭いが強め。砂糖やライムの汁、唐辛子などと合わせてニョクチャムというソースにもされます。

インドネシア

テンペ

大豆にテンペ菌をまいて発酵させ、テンペ菌糸によって板状にしたもの。タンパク質や食物繊維、ビタミンB群など栄養豊富な発酵食品です。味にクセはなく、薄切りにしてそのままかあぶってタレをつけて食べたり、揚げ物などにされます。

テンペ

インドネシア

ケチャップ

大豆からつくられる醤油のような調味料。インドネシアでは卓上調味料としてやサテのソースなどに使われ、辛口のケチャップ・アシンと甘口のケチャップ・マニスがあります。日本でポピュラーなトマトケチャップの起源ともいわれています。

ナタデココ

フィリピン

パティス

フィリピンでつくられている魚醤。イワシやアジ、サバなどの魚を塩漬けにして発酵させ、上澄み液を使用します。塩味が強いので、少量を料理に入れて調理。シニガンというタマリンドのスープや、炒め物、炒飯の味付けなどに使われます。

ミャンマー

ンガピャーイェー

ミャンマーの魚醤。内臓を取り除いたナマズ類の魚を塩漬けにしてつくります。伝統的なミャンマーのカレーなどに使われます。また、ペースト状のンガピといわれる発酵調味料もあり、こちらも生野菜に添えたりして食べられています。

インドネシア

トラシ

小エビを発酵させてつくる調味料で、タイのカピ、中国の蝦醬(シャージャン)に似ています。ペーストまたは固形状で、火であぶるか炒めるなどして使います。唐辛子や赤玉ネギ、ニンニクなどと合わせて、サンバルという辛味調味料をつくることも多いです。

フィリピン

ナタデココ

日本でもおなじみのナタデココも実は発酵食品。ココナッツミルクにナタ菌といわれる酢酸菌を加えて発酵させることで、表面から凝固してセルロース性のゲル状物質に変化。これをデザートにして食べます。独特の弾力のある食感が特徴です。

ラオス

ナンパー

ラオスの魚醤。ほかの国の魚醤と同様、さまざまな魚を塩漬けにして発酵させてつくられます。伝統料理のラープ（ひき肉とハーブのサラダ）の味付けなどに。濾さないペースト状のものはパデークといわれ、こちらも調味料として使われます。

インド

ナン

薄い平焼きの発酵パンで、インドのほかパキスタンやイランなどでも親しまれています。タンドリーといわれる壺型のかまどの内側に張り付けて焼くのが特徴です。日本のインド料理店でもポピュラーで、ちぎってカレーにつけて食べます。

ヨーロッパの発酵食品

気候や文化が日本と大きく異なるヨーロッパでは、日本であまり知られていない発酵食品が多数。その一方で、ワインや生ハムのように、ヨーロッパで誕生し世界的に広まった発酵食品もあります。

ザワークラウト

ドイツ

ザワークラウト

千切りのキャベツに塩をまぶし、重しをして発酵させた漬物。乳酸発酵による酸味が特徴で、ソーセージなどの肉料理のつけ合わせや豚肉との煮込み料理などに欠かせません。フランスのアルザス地方にも類似したシュークルートがあります。

ドイツ

セルベラート

ドイツ発祥の世界で最も古いソーセージ。豚肉や牛肉の塩漬けにスパイスを加えて腸に詰め、冷たい空気で乾燥させるドライソーセージの一種です。乳酸発酵するため、ほのかな酸味が特徴。スライスしておつまみとして食べられています。

ドイツ

ミッシュブロート

小麦粉とライ麦粉を同量配合したもので、ドイツで最も消費量の多いパンです。ドイツ語でミッシュは「混ぜる」、ブロートは「パン」という意味。乳酸菌によって培養されたサワー種を使うので、酸味があります。薄くスライスして食べます。

イタリア

アンチョビ

カタクチイワシなどの小魚を塩漬けにした後、オイル漬けにしたもの。一般的に瓶詰や缶詰で販売。パスタやピザ、サラダなどに使われます。また、裏ごしして香辛料などを加え、アンチョビソースにしても食べられています。

イタリア

コラトゥーラ

魚醤を用いるのはアジアの国だけではありません。コラトゥーラはイタリアの魚醤で、地中海でとれたカタクチイワシに塩を加えて発酵・熟成させたもの。上澄み液を何度も濾過するため、透き通った琥珀色で雑味が少ないのが特徴です。

イタリア

ペパロニ

スパイスをきかせたイタリアのサラミ。ペペローニ（唐辛子やピーマン）を豚肉に混ぜてつくられることから、この名が付きました。加熱せずに乾燥させるドライソーセージの一種で、ピザのトッピングとして日本でもおなじみです。

イタリア

パネトーネ

イタリアのミラノで誕生した菓子パンで、クリスマスに食べる習慣があります。小麦粉や砂糖、牛乳でつくった生地にドライフルーツを入れ、伝統的なつくり方ではパネトーネ種という天然酵母で発酵させ、円筒形に焼き上げます。

マーマイト

イギリス

マーマイト

ビールの醸造過程でできるビール酵母を原料にした黒いペースト。強い塩気と粘り気、独特の風味があり、イギリスやニュージーランドではパンに塗ったりスープに溶かして食べられます。ビタミンＢ群を多く含み、栄養価が高い食品です。

イギリス

ウスターソース

イギリスのウスターシャーで生まれた調味料。アンチョビやタマリンド、玉ネギ、ニンニクなどを原料につくられます。イギリスで食べられているウスターソースは日本のそれと異なり、さらっとしていて、肉料理の下味などに使われます。

スペイン

チョリソ

豚肉にパプリカ、ニンニク、塩などを加えて腸詰めにし、乾燥・熟成させたドライソーセージの一種。日本では辛いチョリソが一般的ですが、これはメキシコにチョリソが伝わった際に唐辛子が入ったため、必ずしも辛くはありません。

イギリス

ピクルス

欧米風の漬物で、野菜を塩漬けにして乳酸発酵させてつくります。日本では酢を使うことが多いです。イギリスでは玉ネギやビート、ゆで卵などがよくピクルスにされます。またアメリカでも、キュウリのピクルスが食べられています。

ピクルス

スペイン、イタリアなど

生ハム

加熱処理がされていないハム。燻製するものと、燻製せずに乾燥熟成のみ施す2種類があります。スペインの「ハモン・セラーノ」とイタリアの「プロシュート」が有名で、これらは後者の製法でつくられます。薄切りにして食べます。

フランス、イタリアなど

ワイン

紀元前4000年頃につくり始められたといわれる最古の酒。ブドウの果汁をアルコール発酵させた醸造酒です。非発泡性のスティルワインが一般的で、赤・白・ロゼに分かれます。赤ワインにはブドウの皮に含まれるポリフェノールが豊富。

フランス、イタリアなど

ブランデー

ブドウを原料にした蒸留酒。一説では17世紀中頃、フランスのシャラント地方で余ったワインを蒸留したのが始まり。アルコール度数は40～50%と高く、樽で熟成することで琥珀色に仕上がります。コニャック地方でつくるコニャックが有名。

スウェーデン

シュールストレミング

スウェーデンの北部で製造される塩漬けニシンの缶詰で、臭いが強烈なことから「世界一臭い食べ物」といわれています。缶の中でも発酵が進行するため、ガスが発生して缶が膨らんだ状態になります。パンにのせて食べるのが一般的です。

イタリア、フランス、ハンガリーなど

白カビサラミ

白カビで発酵、熟成させたサラミ。表面は白カビに白く覆われていて、白カビをつけたままスライスして食べます。白カビ独特の風味としっとり感が特徴。イタリア発祥といわれ、フランス、ハンガリー、スペインなどでもつくられています。

フランス、スペインなど

シードル

果実酒の一種で、リンゴの果汁を発酵させたものです。ソフトシードルとハードシードルに分かれ、前者は果汁をそのまま発酵させたものでアルコール度数は3～5%程度。後者は糖を加えてから発酵させ、アルコール度数は9～12%程度です。

オランダ

ジン

大麦やライ麦を原料にした蒸留酒。製造過程で杜松(ねず)の実を加えるのが特徴です。17世紀中頃にオランダの医学博士が解熱剤・利尿剤として生み出し、それがイギリスに伝わり、さらにアメリカに渡ったことで世界的に広まりました。

シュールストレミング

その他の地域の発酵食品

アジア、ヨーロッパ以外の国々にも、地域に根付いた発酵食品がたくさんあります。パンの一種や調味料、アルコールなど、各国を代表する発酵食品を紹介します。

インジェラ

エチオピア

インジェラ

テフというイネ科の穀物を原料にした生地を発酵させ、薄くのばして焼いたもの。エチオピアでは主食とされ、クレープ状のインジェラに各種料理をのせて一緒に食べます。発酵による酸味と、表面に細かく開いた穴が特徴です。

カナダ

キビヤック

ウミスズメの一種を内臓や肉を抜いたアザラシの中に詰め込み、地中に埋めて長期間発酵させた漬物の一種。カナダのイヌイット民族やグリーンランドのカラーリット民族、アラスカ州のエスキモー民族の間でつくられ、貴重なビタミン源です。

アメリカ

タバスコ®

熟した赤唐辛子に塩、酢を加えて発酵させた辛味調味料。1868年にアメリカのルイジアナ州で誕生し、世界各国で愛されています。強烈な辛さとほどよい酸味が特徴で、ピザやパスタなどにかけたり、カクテルにも使用されます。

※「タバスコ」はアメリカ・McIlhenny Company の登録商標です。

アメリカほか

ウイスキー

穀物に麦芽を加えて糖化し、発酵させた後、樽の中で熟成させた蒸留酒。アメリカ、スコットランド、アイルランド、カナダ、日本が世界五大主産地といわれます。アメリカ産は原料にトウモロコシを使い、バーボンウイスキーともいわれます。

ウイスキー

プルケ

メキシコ

プルケ

メキシコの醸造酒で、テキーラ、メスカルとともにメキシコを代表する地酒です。リュウゼツランの一種であるマゲイという植物の甘い樹液を発酵させたもので、白濁しています。テキーラより歴史があり、古くは儀式にも用いられていました。

メキシコ

テキーラ

メキシコの蒸留酒。マゲイの中でもアガベ・アスール・テキラーナという品種を主原料とし、ハリスコ州テキーラ村など決められた地域で生産されたものだけがテキーラと呼べます。アルコール度数は35～55％で、カクテルにも使われます。

ナイジェリア

ヤシ酒

ヤシの甘い樹液が原料の醸造酒または蒸留酒で、ナイジェリアだけでなくコンゴやガーナ、インドやフィリピンなど世界各地でつくられています。ナイジェリアでは醸造酒はエーム、蒸留酒はオゴゴロと呼ばれ、儀式や行事にも用いられます。

ジャマイカ

ラム

サトウキビを原料にした蒸留酒。ジャマイカやキューバなどの西インド諸島が原産地で、18世紀初頭からイギリスやアメリカに広まっていきました。甘い香りが特徴で、そのまま飲むほかカクテルのベースやお菓子などにも使われています。

ロシア

ウォッカ

ロシアの代表的な蒸留酒で、アルコール度数は40～60％ととても高いです。大麦や小麦などの穀物に麦芽を加えて糖化・発酵・蒸留させ、白樺やヤシの炭で濾過。不純物が取り除かれ透明で無臭となり、クセのない酒ができ上がります。

マダガスカル

バニラビーンズ

ラン科の植物であるバニラの未熟なさやを発酵・乾燥させたもの。発酵させることによりバニリンという香り成分が生成され、甘い香りを放つようになります。高価なため、エキスを抽出したバニラエッセンスが広く普及しています。

バニラビーンズ

Column

発酵調味料をつくってみよう

自家製の発酵調味料は優しい風味が魅力。保管環境に気をつけて、味噌や塩麹、甘酒を手づくりしてみましょう。

米味噌のつくり方

材料

大豆（乾燥）	250g	焼酎	少々
生米麹	500g	大豆の煮汁または水	約40cc
塩	125g		

1.
水に浸す
大豆を十分な水に一晩浸す。2倍ほどに膨れる。

2.
煮る
浸し水ごと約3～4時間弱火でじっくり煮る。途中で大量のアクが出るのでこまめにすくう。

3.
冷ます
大豆を指でつまんで、簡単につぶれたらちょうどよい柔らかさ。ざるにあげて冷ます。250gの乾燥豆は500gほどになる。

4.
塩切麹をつくる
生米麹の入った袋の中に塩を入れ、むらなく混ぜ込む。

5.
大豆をつぶす
大豆をビニール袋に入れてつぶす。

6.

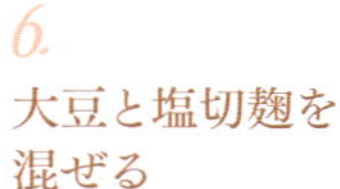

大豆と塩切麹を混ぜる
つぶれた大豆の中に4の塩切麹を入れて混ぜる。

7.

固さを調節

6.に大豆のゆで汁を加えながら固さを調整する。

ひとまとめにする

耳たぶくらいの固さになったらまとめる。ひび割れないくらいの固さがちょうどよい。

9.

味噌玉をつくる

おにぎりくらいの大きさに丸めて、空気を抜く。

10.

味噌玉を投げ込む

容器の内側は焼酎などで拭いて殺菌しておき、9.の味噌玉を投げ込む。

11.

すべて入れる

容器にすべての味噌玉を入れる。中に空気が入らないようにしっかりと詰め込む。

12.

表面をならす

スプーンなどを使い、表面を平らに仕上げる。その後、焼酎を吹きかける。

13.

ラップで覆う

ラップを落としてしっかりと空気を抜く。

14.

完成

3～6カ月発酵・熟成させれば完成。

- 熟成するまでは日が当たらない冷暗所で常温保管する。
- 発酵に適した温度は25～35℃。
- 空気に触れないようにする。
- 仕込んでから1～2カ月後に、味噌を一度容器から取り出し、上下が逆になるように再び詰めなおす「天地返し」といわれる作業を行う。
- 熟成した味噌は冷蔵庫で保管する。

Column

塩麹のつくり方

材料（塩分濃度 13%の場合）

米麹……………………100g
塩……………………30g
水……………………100g 程度

Point
- 塩麹の保存性を高めるには塩分濃度は12% 以上にする。
- できあがった塩麹は冷蔵庫で保存する。

1. 米麹をつぶす

米麹をビニール袋に入れ、その上からつぶす。

2. 塩と米麹を混ぜる

容器の中に塩を入れ、その上につぶした米麹を入れる。蓋を閉じて塩と麹が混ざるように振る。

3. 水を入れて混ぜる

2. に水を 100g 入れる。蓋をして混ぜ、常温で 5 〜 7 日間、1 日 1 回よく振る。

甘酒のつくり方

材料

米麹……………………200g
水……………………400 〜 800ml

Point
- 粗熱をとって冷蔵庫で保存する。
- 1 週間〜 10 日程度で使い切る。

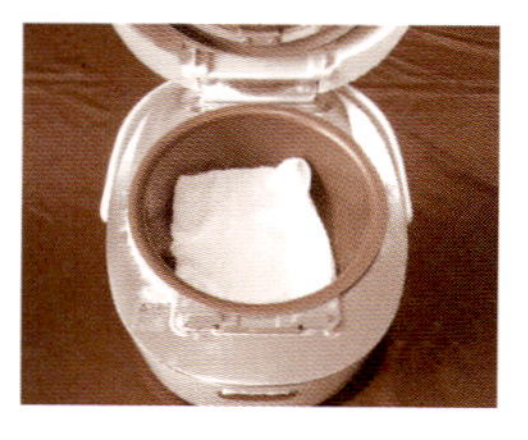

1. 炊飯器を準備する

炊飯器の内釜にタオルを敷く。

2. 米麹を準備する

耐熱容器に米麹と水を入れて、容器のふたを軽く空けておく。

3. 保温する

容器を内釜の中に入れ、炊飯器のふたは空けたまま 55 〜 65℃程度で 5 時間以上保温する。甘みが出ればでき上がり。

発酵が呼吸より前に行われてきたことは、第1章で述べました。では人間はいつから発酵という現象に気付き、それを利用してきたのでしょうか。本章では発酵の歴史についてみていきます。

発酵食品の始まり

発酵食品は有史以前から存在しており、長い歴史を持っています。その起源には諸説ありますが、偶然の産物から始まり、まだ仕組みが解明されていない時代から脈々とつくられてきました。

“発酵食品の起源はお酒？”

発酵食品は世界各地で地域の食材と深くかかわり、発展してきました。その起源には諸説ありますが、第１章で述べたように、英語で発酵を意味する「fermentation」はラテン語で沸き立つという意味の「fervere」がもとになっています。アルコール発酵のときに炭酸ガスが泡のように盛り上がる姿から名付けられたと考えられ、このことから発酵食品の起源はアルコールだったという説が有力です。

その中でも、最初の酒は果物が自然発酵してできあがった「猿酒」だと考えられています。これは猿が樹木の穴などにためておいた果実が酒になったものです。その様子を目の当たりにした古代人たちが、やがて発酵食品を暮らしに取り入れるようになりました。

南コーカサス地方のジョージアでは、紀元前6000～5800年のものと推定されるワインの痕跡が、土器の破片から見つかっています。またメソポタミアの先住民であるシュメール人の遺跡で発見された土器からも、8000年前にはワインがつくられていたと考えられています。さらに紀元前5000年頃のメソポタミア文明の文学作品「ギルガメッシュ叙事詩」には、船大工たちにワインが振る舞われたという記述があります。紀元前1700年頃に制定された「ハムラビ法典」にもワインの取引に関する条文があります。

こうしたワインづくりは、紀元前1500年頃にエーゲ海諸島に伝わりました。ギリシャのクレタ島には、ヨーロッパ最古の醸造所の遺跡が残されています。その後もキリスト教圏の拡大とローマ帝国の繁栄とともに、ワインづくりはヨーロッパ各地へと拡大。これは「ワインは我が血」というキリストの言葉から、ワインが宗教的な意味合いを持ち、神聖なものとして珍重されたためです。教会や修道院はブドウ畑を開墾し、ワインづくりを行いました。

“古代書に残る発酵食品の記録”

ビールも古くから醸造が行われてきました。シュメール人が粘土板に楔形(くさびがた)文字で書いたビールづくりの様子が記録に残っています。紀元前3000年頃の古代エジプトでも、書物「死者の書」にビールについての記述があります。また先述の「ハムラビ法典」には、「酒場でビールを水で薄めた者は水の中に投げ込まれる」「酒場に反逆者が集まっているのを店主が届け出なければ同罪に処す」といった内容の法律があります。

中世になるとヨーロッパの修道院で上質なビールがつくられるようになり、15世紀頃からは一般市民の間でも醸造されるようになりました。その後も醸造技術は向上しましたが、安定したビールづくりができるようになったのは1516年にドイツで制定された「ビール純粋令」がきっかけです。ビールに大麦、ホップ、水以外の原料は使用してはならないことを定め、ビールそのものを定義しました。

パンも歴史は長いです。先述のシュメール人のビールづくりの記録によると、当時は小麦から一度パンを焼き上げ、それを砕いて水を加え、自然に発酵させることでビールをつくっていました。古代エジプトの書物「死者の書」にもパンに関する記述があり、古代エジプトにはすでにパン職人という職業が存在していました。その後、パンづくりはワインと同様に、ローマ帝国の発展とともにヨーロッパへと広がっていきました。

こうして発展を遂げた発酵食品ですが、当時はまだ発酵の仕組みは解明されておらず、発酵が微生物によるものということが分かったのは近代に入ってからです。

日本の発酵食品の歴史

日本において、発酵食品はどのように生まれ、発展していったのでしょうか。現在では日本の食卓に欠かすことのできない、醤油や味噌をはじめとした発酵食品の歴史についてみていきます。

“古代日本では発酵に唾液を利用”

ヨーロッパ諸国ではブドウや家畜の乳を利用した発酵が主流でした。それに対し、日本で縄文・弥生時代に行われていた発酵は「口噛み」という方法です。これは米などの穀物や木の実を口に入れて噛み、それを吐き出してためたものを放置して発酵させるもの。デンプンが含まれる食べ物を口に入れて噛むことで、唾液中のアミラーゼというデンプン分解酵素がデンプンを分解してブドウ糖に変えます。それを吐き出してためておくことにより、野生の酵母がブドウ糖をエサにして発酵し、アルコールを生成するという仕組みです。これが口噛み酒といわれるものです。

さらに弥生時代の後期には口噛みではなく、米飯にカビが生えたものを原料とする発酵が利用されるようになりました。これが麹です。麹によって、醤油や味噌の原型である醤や未醤など、発酵を用いたさまざまな嗜好品がつくられるようになりました。奈良時代の法令「養老律令」や平安時代の法令「延喜式」にも、醤に関する記述があります。醤は調味料のほか、税の品目や高級官僚の給与としても使われ、重要な役割を果たしていました。麹の発明こそが、日本が発酵大国となった原点といえます。

室町時代になると酒造業が発達。酒づくりのための麹をつくる麹菌は種麹といわれ、品質を高めるために雑菌が混ざっていないものが必要とされました。やがて良質な麹を製造する方法が考案され、麹を専門に製造・販売する種麹屋という日本独自の職業が誕生しました。種麹屋は酒造屋だけでなく醤油屋、味噌屋などにも麹を供給し、日本の多彩な発酵食品の普及に大きな影響を及ぼしました。

醤油の歴史

“味噌の仕込み桶から染み出す液体が始まり”

醤油のルーツは、中国大陸や朝鮮半島から伝来した醤といわれています。醤は食品の塩漬けやそこから出た液体です。奈良時代の701年に制定された法令「大宝律令」には、醤院という役所が醤をつくっていたことが記されています。未醤という醤油と味噌の中間のような調味料をつくり、宮中宴会などで供していました。

その後、鎌倉時代の1254年には信州の禅僧の覚心が、中国の径山寺味噌の製法を紀州（今の和歌山県）・湯浅の村人に伝え、味噌づくりが開始。この仕込み桶から染み出す液体が、たまり醤油の始まりです。1580年頃には日本で最初の味噌醤油屋の湯浅「玉井醤」が開業。また紀州から100石ものたまり醤油が大阪へ送られ、これが房総にわたり千葉の銚子や野田は醤油の一大産地に。江戸中期には原料が大豆と大麦から小麦に変わり、現在の濃口醤油に近くなりました。

味噌の歴史

“保存食から調味料として広く使われるように”

味噌のルーツは醤油と同様に醤であり、奈良時代につくられた未醤が味噌の原型とされています。当時の味噌は水に溶けないものだったため、そのままなめたり、田楽のように豆腐や野菜に塗って食べていました。

鎌倉時代になると、禅僧の寺ではすり鉢が使われるようになり、粒味噌をすりつぶしたすり味噌がつくられるように。水に溶けやすくなり味噌汁として利用されるようになると、一汁一菜という鎌倉武士の食卓の基本が確立し、明治・大正に至るまで長く受け継がれることになりました。

戦国時代には味噌は兵糧として重宝され、保存食として用いられるように。現在のような調味料として確立したのは江戸時代になってからで、全国で多様な味噌が生まれました。徳川家康は5種類の葉野菜、3種類の根菜を入れた五菜三根の味噌汁を食べていたといわれ、バランスのよい食生活で75歳という長寿をまっとうしました。

甘酒の歴史

“江戸時代には夏バテ防止ドリンクとして販売”

甘酒の起源には諸説ありますが、古くは中国の醴斉(こせい)であったと考えられます。周(しゅう)の時代、酒を表す漢字は「斉」という神を祀るための酒と、人が飲酒するための「酒」の2種類がありました。しかし漢(かん)の時代になると両者の区別は徐々になくなり、アルコール飲料全般を酒と呼ぶように。そうして、もとはアルコールが入っていない祀祭用の酒であった醴斉も、酒として扱われるようになりました。

日本では「日本書紀」にある、応神(おうじん)天皇が吉野に行幸した折に住民が醴酒(こさけ)を献じたのが最初。天甜酒(あまのたむさけ)に関する記述もあり、どちらも日本における甘酒の起源と考えられます。

甘酒の名で文献に登場したのは江戸時代。甘酒売りという商売もあり、甘酒は夏バテ防止になる夏の飲み物として売られていました。

食酢の歴史

“古くは薬や漢方の一種として利用された”

食酢は紀元前5000年頃のバビロニアで記録に残されており、紀元前400年頃のギリシャでは酢を病気の治療用として使ったといわれています。

日本には4世紀頃に中国から伝来し、和泉の国でつくられた「いずみす」は日本最古の酢であり調味料とされています。奈良時代には造酒司(みきのつかさ)が製造し、酢漬けや酢の物、膾(なます)の調理に使われていました。当時、酢は上流社会の高級調味料や、漢方の一種でした。平安時代の書物「和名類聚抄(わみょうるいじゅしょう)」には米酢のつくり方や原料の割合まで記されています。

一般的に調味料として量産されたのは、江戸時代から。飯に酢を混ぜてつくる早ずしが広まり、粕酢(かすず)が握りずしに使われるようになりました。大正時代に合成酢が登場し、食糧難の時代には大部分が合成酢に。しかし昭和45年に合成酢の表示が義務付けられ、醸造酢が主流になりました。

清酒の歴史

“鎌倉時代には禁酒令が出るほど製造が盛んに”

「魏志倭人伝（ぎしわじんでん）」によると、3世紀頃の日本にすでに飲酒の習慣があったことが伺えますが、米を原料とした酒の最初の記述がある文献は奈良時代の「大隅国風土記（おおすみのくにふどき）」と「播磨国風土記（はりまのくにふどき）」です。「大隅国風土記」には口噛みによる口噛酒の記述があり、「播磨国風土記」には干し飯が水にぬれてカビが生え、それを用いて酒をつくったという記述があります。その後、酒の製造は奈良・平安時代を通じて朝廷や僧坊で行われ、中国や朝鮮半島から伝えられた製造技術を日本流に改良することで、日本固有の清酒が生まれました。

酒づくりも次第に民間に移り、自前の蔵で酒を製造し販売する造り酒屋が生まれ、14世紀末に酒税が課せられるように。鎌倉時代には禁酒令も出るほど盛んにつくられ、室町時代初期の「御酒之日記（ごしゅのにっき）」にはすでに今日の製造方法に近い記述があります。

江戸時代初期には四季醸造（しきじょうぞう）という技術があり、年に5回、酒がつくられていました。しかし酒づくりは大量の米を使うため、幕府が寒づくり以外の醸造を禁止。農民が冬場の杜氏を請け負い、各地に杜氏の職人集団が形成されました。

明治時代になると、醸造技術と資本があれば誰でも酒づくりができるようになり、わずか1年の間に3万をこえる酒蔵が誕生。しかし課税額が大きく、耐えられない酒蔵は倒産して、1882年には1万6000に減少しました。

その後、日清戦争に勝利した明治政府は、醸造業の近代化も国家戦略の一つと捉え、1904年に国立醸造試験所（現在の独立行政法人酒類総合研究所）を設立。製造技術と酵母が進化し、酒を工業的に生産することが始まりました。

発酵研究

古代の人々は発酵の仕組みがわからないまま、発酵食品をつくり、生活に取り入れてきました。その謎がようやく解明されたのは19世紀後半。意外にも近年のことなのです。

“発酵は神の思し召し？”

ヨーロッパでは、生命の誕生は古代ギリシャの哲学者であるアリストテレスの提唱した、自然発生説が長い間信じられていました。これは「生物が親なしで無生物から一挙に生まれてくることがある」という説です。昆虫やダニは露やゴミなどから生まれてくると説かれ、発酵も「神の思し召しによる自然現象」と考えられてきました。日本でも、味噌や醤油が神社や寺でつくられていたことから考えると、発酵が神の仕業とされてきたといえます。当時の人々にとっては、食品を置いておくだけでそれがおいしくなるというのは神の仕業そのものだったのでしょう。

“微生物が関わることを発見”

発酵に微生物が関わっていることを発見したのは、オランダのレーウェンフックです。17世紀、彼は200倍程度の倍率を持つ顕微鏡をつくり、酵母やカビの胞子など発酵に関与する微生物を観察、スケッチに残しました。これはのちの微生物学の発展に大いに寄与しました。

18世紀に入ると、イタリアの動物学者であるスパランツァーニが、肉汁を加熱して密封すると腐敗が起こらないことを実験で示しました。これにより自然発生説に疑問が呈され、大きな論争が巻き起こりました。また19世紀初めには、ドイツの生理学者であるシュワンが、肉汁が腐敗すると微生物が無数に増えてくることに気付きました。これらの実験によって、腐敗という現象が微生物によって進められていることが明らかになったのです。

“発酵の原因を突き止めたパスツール”

しかし、発酵の決め手となる微生物が発見されたのちも、「アルコール発酵はなぜ起こるのか」という疑問は依然として解決されないままでした。自然発生説を否定し、発酵は空気中の微生物が原因となって起こることを19世紀中頃に証明したのが、フランスの科学者ルイ・パスツールです。

パスツールは、空気が入るが微生物は入ることのできない「白鳥の首フラスコ」を使った実験を通じて、発酵の原因は空気中に浮遊している微生物であることを証明しました。「すべての生物は生物から発生する」という彼の言葉は有名です。また関与している微生物の違いによって、アルコール発酵や乳酸発酵などの違いが生じることも明らかにし、「発酵とは酸素のない状態での生命活動である」と発酵を定義しました。

パスツールはさらに低温殺菌法も考案しました。ワインに酸味が生じて腐敗してしまう場合、酵母とは異なる雑菌が増殖していることを発見。風味を損なわない程度にワインを加熱し、混入している雑菌を死滅させる方法です。これをパスツーリゼーション（低温殺菌法）といいます。

白鳥の首のフラスコ実験

パスツールが行った白鳥の首のフラスコによる実験は、以下のような仕組みです。

まずフラスコに肉汁を入れて、その口を白鳥の首のように細長くし、下方にカーブを描いたS字にします。そして煮沸殺菌したあとに放置するという実験を、そのままのフラスコと首を切ったフラスコで行いました。

曲がった口のままのフラスコは、空気は入り込みますが微生物は入り込まないため、何カ月経っても腐敗しません。しかしS字の口を切り落としたフラスコは、空気とともに微生物が入り込むために数日で腐敗。この結果は、自然発生説を見事に否定しました。

微生物の単離に成功したコッホ

こうして発酵の仕組みは解明されましたが、目に見えない微生物をそれぞれの特徴で分離、すなわち単離することは難しく、自然発酵に頼らざるを得ませんでした。しかし1881年、ゼラチンに肉汁を入れた培養地を使い、微生物を純培養し分離する方法を考案したのが、ドイツ人医師で細菌学者のロベルト・コッホです。

コッホが微生物の単離に成功したことで、発酵方法も優良な酵母を選んで発酵を行う純粋培養法へとシフト。微生物を工業的に利用することも可能になり、発酵に関する分野が大きく発展しました。

またコッホは病原菌の存在も明らかにし、炭疽菌や結核菌、コレラ菌を発見しました。このことにより、のちの研究者たちによってさまざまな病原菌が発見され、医学も飛躍的に発展。コッホはパスツールとともに、近代細菌学の開祖といわれています。

発酵を引き起こす酵素を発見したブフナー

パスツールによって発酵の原因は解明されましたが、彼は発酵が生きた細胞の生理現象であるとしていました。これを乗り越えるきっかけとなったのが、ドイツの生化学者エドゥアルト・ブフナーによる発見です。

彼は培養した酵母をすりつぶしたあと、防腐のため大量の糖を加えて1日放置。しかし死滅したはずの酵母が、炭酸ガスを出しながら盛んにアルコール発酵しているのを発見しました。その後の実験により、1897年にこの発酵が酵母の細胞内から溶出した酵素によって引き起こされたことを突き止めました。そしてアルコール発酵に関与するこの酵素を「チマーゼ」と名付けました。ブフナーはこの業績により、1907年にノーベル化学賞を授与されました。

このことにより、発酵を生命現象と切り離して科学的に解析する道が開かれ、多くの研究者が研究を重ねました。そして1940年頃には、糖がアルコール発酵へと変換される代謝酵素反応が解明されました。

第6章 発酵と栄養

目に見えない微生物の働きによって、私たち人間に影響を与える発酵。本章では発酵が人間の体にもたらす効果や、さまざまな分野での発酵のパワーについて、詳しくみていきます。

発酵食品の魅力

もともと発酵は、保存技術のない時代に食材を保存するための技術として考えられ、発展してきました。しかし今では、それだけにとどまらない多くの魅力を持っていることがわかっています。

“発酵が食材をパワーアップ！”

食材を保存するための知恵として受け継がれてきた発酵。日本の各地にある漬物も、野菜のない冬に食材を確保するためにつくられてきました。魚を塩と米飯で発酵させたなれずしも、魚を長期間保存するための知恵として伝えられてきました。

発酵菌によってつくり出された酸によって、酸に弱い腐敗菌が食材に入りにくくなり、一度発酵したら食材が腐ってしまう可能性は非常に低くなります。冷蔵技術が発達した現代においても、食品を発酵させることで保存性が高まり、食材を無駄にすることが少なくなります。これはエコロジーにも繋がります。

また発酵することにより、発酵前の食品にはない独特の香りやうま味、さらには新たな栄養価が加わることもあります。発酵を引き起こす微生物の働きによるもので、発酵食品のおいしさの一つの要因になっています。世界的に食べられているチーズや、ワイン・ビールといった酒類も、発酵によって原料とはまったく違ったおいしさが生み出されたものです。

さらに発酵食品は微生物によってすでに分解されているため、人体に消化・吸収されやすくなるという効果があります。そのことにより、発酵する前の食材を食べるよりも、発酵した後の食品を食べるほうが人の体へ負担が少ないといえます。

このように、微生物の力によって食材の成分が分解されたり変化が生じることで、保存性やおいしさ、栄養などの面で人にとってより有益になった食材が発酵食品です。

発酵食品の五大効果

保存性 UP

原則的に発酵菌が繁殖している場所には、腐敗菌が増殖することはありません。長期間、食品を楽しむことができます。

栄養価 UP

発酵の過程で、食材にビタミンなどの新たな栄養分が付加されます。そのため、発酵前よりも栄養価が高くなります。

おいしさ UP

微生物の働きによって、食材が発酵すると人にとって有益なうま味や甘み、香りなどのおいしさが加えられます。

吸収率 UP

発酵で微生物が生成する酵素の働きで、タンパク質やデンプンなどが分解され、栄養素として吸収されやすくなります。

腸内環境改善

発酵食品は腸内細菌のエサとなるオリゴ糖や食物繊維を多く含みます。そのため、腸内環境の改善に役立ちます。

発酵と健康

発酵が人体にとって、さまざまな面で有益な働きをすることは先述しました。ここではその効果の中でも、人の健康にもたらす影響についてより詳しくみていきます。

プロバイオティクスの働き

「プロバイオティクス」は、1989年にイギリスの微生物学者フラーが提唱。「腸内細菌叢を改善することで人体によい作用をもたらす生きた微生物」と定義され、善玉菌ともいわれます。腸内細菌叢とはいわゆる「腸内フローラ」で、腸の中で細菌が種類ごとに群をなしている様子を表します。人の腸内には約100兆をこえる細菌が存在し、その菌が種類ごとに集まった様子がお花畑のように見えることから、こう名付けられました。

腸内フローラのバランスが崩れると健康を害する要因になるため、プロバイオティクスは人体にとって大切なもの。菌を殺して体を守るアンチバイオティクス（抗生物質）とは対照的に、有益な菌を増やして体を守るのです。

善玉菌が悪玉菌を退治

プロバイオティクスの代表的なものには、乳酸菌やビフィズス菌があります。発酵食品に多く含まれ、ヨーグルトや乳酸菌飲料を筆頭に、味噌や納豆、ぬか漬けなどにも含まれます。これらを食べると、善玉菌の働きで悪玉菌といわれる人体に害をもたらす細菌が減少。その結果、悪玉菌が生成するインドールやアンモニアといった腐敗物質が減り、大腸がんなどの生活習慣病の発生リスクが低くなるといわれています。また免疫力を高めたり、精神面においてもよい影響を与えるということもわかってきました。

老年期に入ると、悪玉菌が増えるという研究結果もあります。日頃からプロバイオティクスを意識して、発酵食品を食生活に上手く取り入れていきたいものです。

“発酵食品が栄養吸収をサポート”

微生物の大きな役割に「分解」が挙げられます。生態系においては、動物の死骸や枯れてしまった植物などは微生物によって分解され、その際に水や二酸化炭素が生成されて、それがまた植物の養分となります。「生産者」である植物、「消費者」である動物とともに、「分解者」といわれる微生物が存在することで生態系は成り立っているのです。

発酵食品においても、微生物の分解する力が発酵を促すとともに、人間へよい効果をもたらしてくれます。人間に必須とされる三大栄養素は炭水化物、脂質、タンパク質ですが、タンパク質はアミノ酸に分解されなければ吸収できません。分解するには胃液や膵臓などに含まれるタンパク質分解酵素（プロテアーゼ）が必要ですが、タンパク質によっては分解するのに時間がかかってしまいます。

例えば、大豆に含まれるタンパク質の半分以上を占めるグリシニンは分解しづらく、加熱調理しても半分は吸収されずに排出されてしまうといいます。しかし納豆や味噌、醤油といった発酵食品であれば、発酵菌がすでに大豆のタンパク質を一部分解しているので、効率よく吸収できます。これは結果的に、発酵食品にすることで大豆の栄養価がアップしているといえるでしょう。さらに納豆においては、納豆菌が大豆を発酵させる過程で、ナットウキナーゼなどさまざまな体によい働きをする成分を生み出します。

“タンパク質を分解しおいしさもUP”

また発酵食品を調理に使うことで、ほかの食材のタンパク質の分解も助けてくれます。例えば塩麹に肉を漬けると、塩麹に含まれるプロテアーゼが肉のタンパク質を分解。体に栄養が吸収されやすくなるだけでなく、肉がやわらかく、おいしくなるという効果もあります。

ちなみに、アミノ酸に分解されなかったタンパク質は、アレルギー反応を引き起こす原因になります。腸が未発達な乳幼児に、卵や大豆、牛乳など高タンパク質な食べ物が原因の食品アレルギーが多いのはこのためです。味噌や醤油は発酵によってタンパク質が分解されているので、大豆アレルギーでも食べられる場合が多いといわれています。

発酵と美容

発酵食品は健康をサポートするだけでなく、美容へもプラスの効果が期待できます。普段の食事に発酵食品をどんどん取り入れて、美しさを手に入れましょう。

美肌効果

これがおすすめ **・ヨーグルト・ぬか漬け・納豆・味噌 など**

発酵食品が腸内フローラを整える効果があることは、先述した通り（P.120）。腸の中にある約100兆をこえる細菌は「善玉菌」と「悪玉菌」、そして場合によって働きが変わる「日和見（ひよりみ）菌」に分けられます。悪玉菌が増えると便秘や免疫力の低い状態になり、肌荒れを引き起こす原因に。発酵菌の中でも特に乳酸菌やビフィズス菌は腸内の悪玉菌を減らす働きをするため、それらを含むヨーグルトやチーズ、キムチ、ぬか漬けなどを食べるのがよいでしょう。その際、善玉菌のエサとなるオリゴ糖や食物繊維を多く含む食品も一緒に摂るのが効果的です。

ほかにも、納豆に含まれるポリグルタミン酸という粘りの主成分は、肌本来が持つ保湿機能を高めてくれます。また味噌や甘酒、塩麹、清酒などに含まれる麹菌は、発酵の過程でコウジ酸という有機酸を生成します。このコウジ酸には、皮膚を黒くする色素のメラニンを抑制する力があり、美白剤として化粧品にも使われています。

代謝促進

これがおすすめ **・食酢・キムチ など**

代謝が悪いと脂肪をためこみ、太りやすい体に。年を取ると若い頃と同じ行動をしていても太ってしまうのは、基礎代謝が低下しているためです。代謝をアップさせるには、酢酸菌によって生成された酢酸を多く含む食酢の摂取が効果的。酢酸には血行をよくしたり、体内の脂肪の分解を促進する働きがあるとされています。また、高すぎる血圧やコレステロールを低下させてくれる効果も知られています。

ほかにも、キムチの原料である唐辛子に含まれるカプサイシンという辛み成分は、その刺激で代謝をよくしてくれます。

抗酸化作用

これがおすすめ ・ワイン ・納豆 ・味噌 など

人間は呼吸をして酸素を取り入れることで、エネルギーを生み出しています。しかしエネルギーの生成に使用されなかった酸素は、活性酸素（かっせいさんそ）となって体内に残り、体を酸化させて、シミやシワ、動脈硬化といったさまざまな老化現象を引き起こします。抗酸化作用を持つ食品は活性酸素を除去し、こうした酸化を防いでくれます。

赤ワインに含まれるポリフェノールや納豆、味噌などに含まれるイソフラボンは、抗酸化作用を持つといわれる成分。もともと原料のブドウや大豆にそれぞれ含まれますが、発酵させることによってより活発に作用すると考えられています。

デトックス

これがおすすめ ・ヨーグルト ・キムチ ・納豆 など

体の中に老廃物がたまると、むくみや冷え、肌荒れなど、さまざまな体調不良を引き起こしてしまいます。健康な体で過ごすには、老廃物の排出、いわゆるデトックスをすることが大切です。

美肌効果についてでも述べた腸内フローラの改善は、デトックスにも有効です。乳酸菌を含む発酵食品は、老廃物である便の排出を促してくれます。大豆に含まれるイソフラボンは、血中に含まれるコレステロールを低下させる効果があるといわれています。発酵させるとより体に吸収されやすくなり、血液をサラサラにして老廃物の排出を促す効果が期待できます。

リラックス効果

これがおすすめ ・味噌 ・納豆 ・ヨーグルト ・キムチ など

発酵食品は体だけでなく、心へもよい影響を与えてくれます。味噌や納豆、キムチ、ヨーグルト、ぬか漬けなどに含まれるGABA（ギャバ）というアミノ酸の一種は、脳の興奮を鎮めてリラックスさせる効果があるといわれています。

また心の安定をもたらす神経伝達物質のセロトニンは、トリプトファンという必須アミノ酸をエサに、そのほとんどが腸内で生成されます。トリプトファンは乳製品や大豆製品などに含まれるため、トリプトファンを含むうえに腸内環境を改善してくれるヨーグルトや納豆、味噌などは、セロトニンを増やすのにうってつけといえるでしょう。

多様な発酵パワー

これまで発酵が体に及ぼす効果についてみてきましたが、発酵の力はそれだけにとどまりません。医学や農業、はたまたエネルギーの分野に至るまで、発酵はさまざまな場所で活躍しているのです。

うま味調味料の生産

料理にうま味を足す調味料として広く使われているうま味調味料は、発酵を利用して製造されています。

そもそもうま味は、1908年に日本の化学者である池田菊苗が発見した成分です。彼は古くから出汁を取るのにつかわれていた昆布から、グルタミン酸を取り出すことに成功し、「うま味」と名付けました。そしてそれまで味の基本要素とされていた「塩味」「酸味」「甘味」「苦味」とは異なる要素であると定義。欧米の学者にはなかなか受け入れられませんでしたが、1985年に開催された第一回うま味国際シンポジウムをきっかけに、うま味は第5の味の基本要素「UMAMI」として国際的に認められました。

池田氏はグルタミン酸を主成分とした調味料「グルタミン酸ナトリウム」の製造法特許を取得し、1909年には最初のうま味調味料が販売されました。1940年代には世界各地で販売され、現在では100カ国以上で使われています。彼はこの功績により、邦文タイプライターやアドレナリン、ビタミンB1などを発見した研究者たちと並んで「日本の十大発明家」の一人に選ばれています。

うま味調味料は、当初は「抽出法」という製造法でつくられていましたが、これにはコストがかかるという問題点がありました。しかし日本企業によって研究が重ねられ、1950年代に発酵菌を利用した「発酵法」が確立。うま味調味料の大量生産が可能となりました。

現在はサトウキビやキャッサバ、トウモロコシ、サトウダイコンの糖蜜やデンプンにアミノ酸を生成する発酵菌を加え、うま味調味料が製造されています。

医薬品の製造

感染症に有効な働きをする抗生物質も、発酵を利用してつくられています。1929年にイギリスの細菌学者フレミングによって世界で初めて発見された、抗生物質ペニシリンは、アオカビから生まれたものでした。これをはじめとして、これまでさまざまな抗生物質が発酵の力によって発見され、薬剤として開発されてきました。

抗生物質以外にも、発酵が関わる医薬品はたくさん存在します。その中の一つに消化薬のタカジアスターゼがあります。これは日米で活躍した化学者の高峰譲吉（たかみねじょうきち）が、1894年にコウジカビの研究を行い発明した消化酵素で、1897年にアメリカで商品化されました。100年以上経った今でも、このタカジアスターゼは胃腸薬として使われています。

抗がん剤のマイトマイシンやプレオマイシンも、発酵の力を使って製造される薬です。今後も研究が進み、発酵が新たな薬を開発する鍵となることでしょう。

農業への利用

農業の分野においても、発酵は利用されています。例えば、種なしブドウをつくるジベレリンという植物ホルモン。実がなる前のブドウの房にジベレリンの水溶液を浸すと、種がないまま実が大きくなります。このジベレリンはジベレラ・フジクロイというカビを利用して、発酵生産されています。ジベレリンは日本の農芸化学者である藪田貞治郎（やぶたていじろう）が、1930年代に発見。種なしブドウのほかにもナシやリンゴの実を大きくすることなどに利用され、現在では最も多く農業に使われている植物ホルモンといえます。

農薬にも発酵の力が使われ、微生物農薬といわれる殺虫剤のBT剤は、バチルス・チューリンゲンシスという細菌を培養して製造されています。人体や家畜に対する安全性が高いとされ、広く使われています。

ほかにも肥料や、家畜を育てる際の悪臭防止剤としての働きなど、幅広い場所で発酵が利用されています。

バイオ燃料の生産

アルコール発酵によって清酒やビール、ワインなどの酒類が生産されることは先述した通りですが、こうした発酵の働きを利用したエネルギーの開発も進められています。植物資源から抽出したエネルギーはバイオ燃料といわれ、その中でもサトウキビやトウモロコシのデンプンや糖類をアルコール発酵させてつくるエタノールの燃料を、バイオエタノールといいます。

バイオエタノールは主に、そのままガソリンの代替にしたり、ガソリンに混ぜて自動車の燃料として使われています。トウモロコシを原料とするため、食用や飼料用のトウモロコシの高騰や、ひいては穀物全体の価格を上昇させて食料危機を招くことが危惧されています。しかし同時に、二酸化炭素を取り込んで光合成をする植物が原料のため、燃料として二酸化炭素を排出しても大気中の二酸化炭素の量は変わらないと考えられ、研究が進められています。

環境浄化

微生物の働きによって汚染物質を分解し、環境浄化することを、バイオレメディエーションといいます。そもそも生態系は、分解者である微生物が発酵によって動植物の死骸や排泄物を分解することにより保たれてきました。バイオレメディエーションはこれを人為的に利用した技術で、家庭や工場から排出される廃水の処理、生ごみの処理などに用いられています。石油タンカーからの原油流出による海洋汚染や、ダイオキシンや重金属による土壌汚染の浄化にも、バイオレメディエーションは利用されています。

バイオレメディエーションは、その場所に生息している微生物を活性化し浄化するバイオスティミュレーションと、外部で培養した微生物を導入し浄化するバイオオーグメンテーションに分かれます。後者は自然環境では分解されにくい難分解性化学物質の分解・浄化が期待される一方、生態系への影響が危惧され、今後の研究が注目されます。

プラスチックの生産

石油は燃料に使われるほか、プラスチックの原料としても利用されています。バイオエタノールと同様、ここでも石油の代替として植物由来の原料で作ったプラスチックも、石油由来のプラスチックと同様に、燃やすと二酸化炭素が排出されますが、この二酸化炭素はもともと大気中にあった二酸化炭素を原料となった植物が吸収したものであるため、大気中の二酸化炭素の増加にはつながらず、環境にやさしいと言われています。そのためグリーンプラスチックともいわれ、今後の発展が期待されます。

洗剤の生産

発酵は微生物が持つ酵素を利用して行われますが、この酵素そのものを活用している製品もあります。

洗剤はその代表的なもので、産業用として生産される酵素の約３分の１が洗剤用です。洗剤として使われる酵素にはデンプン汚れを分解するアミラーゼ、油脂汚れを分解するリパーゼ、タンパク質を分解するプロテアーゼ、繊維を分解するセルラーゼなどがあり、これらの酵素が衣類の汚れを落ちやすくしてくれます。

藍染と発酵

日本の伝統的な染料技術である藍染(あいぞめ)は、実は発酵が重要な役割を担っています。

まずはタデ藍というタデ科の一年草の葉を乾燥し、これを約100日かけて発酵させて「すくも」という染料をつくります。このすくもをさらに灰汁などとともに発酵。布をその液に漬けては取り出し、空気に触れさせるという作業を10～20回も繰り返し、好みの色に近づけていきます。

すくもを使った染色作業を「藍建て」といい、手順が複雑で大変なことから「地獄建て」とも呼ばれました。藍染の美しい色は、こうした職人たちの努力によって守られてきたのです。

発酵検定 模擬問題集

本書でこれまで学んできた発酵に関する知識がどのくらい身についているかを確かめられる、発酵検定の模擬問題を45問用意しました。発酵検定での合格を目指す方は、本番の試験でも力が発揮できるように、この模擬問題に何度も取り組んでください。

本番の検定試験では下記の実施概要にあるように、60分で100問が出題されます。正答率が約7割で合格ですので、模擬問題でも32問以上の正解を目指しましょう。

試験実施概要

【受験資格】発酵に興味のあるすべての方

【出題範囲】「発酵検定公式テキスト（本書）」から出題

【出題形式】マークシート形式（100問）

【試験時間】60分

【合格基準】おおむね正答率70％以上

検定の時期、開催場所などは「**発酵検定公式ホームページ**」をご確認ください。

https://www.kentei-uketsuke.com/hakko/

模擬問題

Q1 次のうち発酵食品はどれか。

❶乳酸菌　❷納豆　❸葛餅　❹梅干し

Q2 次のうち米味噌の原材料に含まれないものはどれか。

❶大豆　❷麦麹　❸米麹　❹塩

Q3 次のうち豆味噌の発祥地はどこか。

❶秋田・山形・岩手県　❷福岡・熊本・佐賀県
❸栃木・千葉・茨城県　❹愛知・岐阜・三重県

Q4 次のうち塩分濃度が一番高い醤油はどれか。

❶濃口醤油　❷再仕込み醤油　❸淡口醤油　❹たまり醤油

Q5 次のうち古代人が発見したお酒はどれか。

❶果実酒　❷柿酒　❸鳥酒　❹猿酒

Q6 次のうち伊豆諸島で有名な発酵食品はどれか。

❶納豆　❷ふなずし　❸くさや　❹羊乳のヨーグルト

Q7 次のうち日本三大魚醤はどの組み合わせか。

❶さけ醤油、あゆ醤油、しょっつる
❷まぐろ醤油、甘エビ醤油、あゆ醤油
❸あわび醤油、しょっつる、いかなご醤油
❹いかなご醤油、いしり・いしる、しょっつる

Q8 なれずしの中でも麹を原材料に使ったものを何というか。

❶いずし系　❷熟成系　❸なれずし系　❹麹系

Q9 次のうち、かつお節の発祥地はどこか。

❶日本　❷中国　❸モルディブ共和国　❹ベトナム

Q10 北九州地域で発酵食品を利用した有名な郷土料理があるが、それは次のうちどれか。

❶粕漬け　❷明太子　❸こんにゃく　❹ぬか味噌炊き

Q11 発酵食品は腸内細菌のエサとなる（A）や（B）を多く含み、腸内環境の改善に役立つ。次のうち（A）（B）に入る言葉の組み合わせとして正しいものはどれか。

❶（A）オリゴ糖（B）食物繊維　❷（A）ブドウ糖（B）食物繊維
❸（A）オリゴ糖（B）ブドウ糖　❹（A）乳酸菌（B）ブドウ糖

Q12 次のうちパンを発酵させる微生物は分類上どれにあたるか。

❶細菌　❷酵母　❸カビ　❹乳酸菌

Q13 次のうち発酵食品はどれか。

❶アロエ　❷ナタデココ　❸ココナッツ　❹パイ

Q14 納豆を食べるときに（A）を入れると粘りがよくなる。次のうち（A）に当てはまるものはどれか。

❶塩　❷醤油　❸砂糖　❹味噌

Q15 次のうち乳酸菌でつくられた発酵食品はどれか。

❶納豆　❷甘酒　❸味噌　❹塩麹

Q16 日本酒における発酵は、（A）と（B）による発酵を同時におこなう並行複発酵である。次のうち（A）（B）に入る言葉の組み合わせとして正しいものはどれか。

❶（A）乳酸菌（B）酵母　❷（A）乳酸菌（B）酪酸菌
❸（A）麹（B）乳酸菌　❹（A）麹（B）酵母

Q17 次のうち乳酸菌と酵母菌の共通のエサはどれか。

❶塩　❷アルコール　❸タンパク質　❹糖類

Q18 次のうち醤油の原材料に含まれないものはどれか。

❶小麦　❷大豆　❸塩　❹酒粕

Q19 次のうち、醤油の総生産量の8割以上を占める濃口醤油の原料の大豆と小麦の割合はどれか。

❶1対4　❷3対8　❸2対3　❹1対1

Q20 淡口醤油は主にどの地域で使用されているか。

❶関東地域　❷九州地域　❸四国地域　❹関西地域

Q21 刺身に醤油をつけて食べるのは、味付けとしてだけでなく（A）を消す大きな働きがある。次のうち（A）に当てはまるものはどれか。

❶色　❷ばい菌　❸生臭み　❹繊維

Q22 黒麹菌による特徴のある発酵はどれか。

❶乳酸発酵
❷クエン酸発酵
❸グルタミン酸発酵
❹黒発酵

Q23 次のうち醤油の効果として間違っているものはどれか。

❶消臭効果　❷対比効果　❸バランス効果　❹相乗効果

Q24 次のうち「手前味噌」の意味として正しいものはどれか。

❶10年以上熟成させた味噌のこと　❷自分で自分のことをほめること
❸手前にある味噌のこと　❹失敗した作品のこと

Q25 味噌の表記で十割（10歩）と書かれている場合、大豆と麹の割合は次のうちどれか。

❶1対9　❷9対1　❸5対5　❹0対10

Q26 次のうち発酵についての記述で正しいものはどれか。

❶発酵とは人間が作り出した保存食品である
❷発酵とは微生物の生命活動である
❸発酵とは原材料に塩を入れることである
❹発酵とは食べられない食品を微生物の力により、おいしい食品にすることである

Q27 徳川家康は栄養的に素晴らしくバランスの良い（A）を食べていたといわれ、75歳という長寿を全うした。次のうち（A）に当てはまるものはどれか。

❶一汁三菜　❷五菜三根の味噌汁
❸わかめの味噌汁　❹味噌おにぎり

Q28 味噌を食べると美白効果があるといわれているが、それは味噌の中の（A）がメラニンの合成を抑制するからである。次のうち（A）に当てはまるものはどれか。

❶ビタミンB群　❷ビタミンC　❸コウジ酸　❹アミノ酸

Q29 麹から作った甘酒は飲む点滴・飲む（A）と呼ばれている。次のうち（A）に当てはまるものはどれか。

❶栄養素　❷健康ドリンク　❸美容液　❹ダイエット飲料

Q30 塩麹は塩と麹と水を混ぜた発酵調味料である。次のうち原料の塩に適したものはどれか。

❶岩塩　❷海塩　❸藻塩　❹全ての塩

Q31 「甘酒」は俳句の季語でいつを示すか。

❶春　❷夏　❸秋　❹冬

Q32 塩麹ブームが起きたのはいつか。

❶ 1982年　❷ 1992年　❸ 2002年　❹ 2011年

Q33 次のうち塩みりんについて正しい記述はどれか。

❶塩みりんとは塩が12%以上入っているものである
❷塩みりんとはアルコール度数が14%程度のものである
❸塩みりんとは課税商品である
❹塩みりんとは酒類販売免許がないと取り扱いのできない商品である

Q34 納豆の栄養素を効率的に摂取するためには、どのタイミングで食べるのか適切か。

❶朝食 ❷昼食 ❸おやつの時間 ❹夕食

Q35 次のうち、納豆菌による栄養素が最も高いものはどれか。

❶ひき割り納豆 ❷小粒納豆 ❸中粒納豆 ❹大粒納豆

Q36 大徳寺納豆の発祥地はどこか。

❶静岡 ❷奈良 ❸京都 ❹大阪

Q37 石川県の特産品であるフグの卵巣のぬか漬けは、フグの卵巣の毒をぬか漬けにし、微生物の力によって毒を抜いたものである。次のうちその毒の種類はどれか。

❶トリカブト ❷テトロドトキシン ❸ソラニン ❹アミグダリン

Q38 次のうち三杯酢に配合されているのはどれか。

❶酢・醤油・みりん ❷酢・昆布・醤油
❸酢・塩・醤油 ❹酢・醤油・甘酒

Q39 ぬか漬けは米ぬかを(A)により発酵させた漬物である。次のうち(A)の組み合わせとして正しいものはどれか。

❶乳酸菌・酪酸菌・納豆菌 ❷乳酸菌・酪酸菌・麹
❸乳酸菌・酪酸菌・産膜酵母 ❹乳酸菌・酪酸菌・酵素

Q40 日本酒における特定名称酒にて、定められている精米歩合がある。お米を60%以下に精米したものの名称は次のうちどれか。

❶大吟醸　❷吟醸　❸本醸造　❹純米酒

Q41 自宅で梅酒を作る場合、使用するアルコールの度数が定められている。何度以上のアルコールを使用しなければならないか。

❶ 15度　❷ 20度　❸ 30度　❹ 40度

Q42 もろみ酢は分類上、次のうちどれに当てはまるか。

❶食酢　❷清涼飲料水　❸健康ドリンク　❹合成酢

Q43 次のうち日本最古の調味料と呼ばれるものはどれか。

❶八丁味噌　❷いずみす　❸白醤油　❹浜納豆

Q44 次のうち食酢について正しい記述はどれか。

❶食酢は醸造酢と合成酢に分けることができる
❷穀物酢とは米だけでできている酢のことである
❸もろみ酢とは酢の絞る前のもろみの状態のことを指す
❹黒酢とは色の黒い酢のことである

Q45 次のうち、麹からつくった甘酒について間違った記述はどれか。

❶成分の20%以上をブドウ糖が占める
❷発酵には1週間を要する
❸アルコールは含まれていない
❹必須アミノ酸9種をすべて含む

解答と解説

Q1
2
納豆は納豆菌を利用して大豆を発酵させた発酵食品です。関西地方でつくられる葛餅は関東地方の久寿餅と混同されやすいですが、全くの別物で発酵食品ではありません。
▶P.66,86

Q2
2
米味噌は米に麹を加工した米麹を原材料として使用します。麦麹は麦味噌の原材料になるものです。
▶P.44

Q3
4
豆味噌の生産地は愛知・岐阜・三重県の東海地域です。
▶P.45

Q4
3
淡口醤油は平均 19% 程度の塩分濃度で、塩分が最も高いといえます。
▶P.37

Q5
4
猿酒は、猿が自然にため込んだ果物が発酵したものといわれています。
▶P.108

Q6
3
くさやは伊豆諸島の名物。新鮮な魚をくさや液に浸した後、天日干しした発酵食品です。
▶P.15

Q7
4
日本三大魚醤は秋田のハタハタでつくるしょっつる、能登のイワシやイカを原料としたいしり・いしる、香川のイカナゴでつくるいかなご醤油です。
▶P.82

Q8
1
いずし系のなれずしは、魚、米、塩、麹を入れて麹による分解をさせた発酵食品です。
▶P.84

Q9
3
かつお節の発祥地はモルティブ共和国といわれています。
▶P.70

Q10

4

ぬか漬けは北九州発祥といわれており、小倉にはぬか床のぬかを利用したぬか味噌炊きという郷土料理があります。

▶P.78

Q11

1

発酵食品には原材料由来のオリゴ糖や、微生物が生み出してくれるオリゴ糖、食物繊維が含まれています。

▶P.119

Q12

2

パンは膨らむときにアルコール発酵を行っているため、酵母による発酵です。

▶P.29

Q13

2

ナタデココはココナッツミルクに酢酸菌を加えて発酵させた発酵食品です。

▶P.98

Q14

3

納豆菌には耐塩性がなく、砂糖を入れると粘りが強くなります。

▶P.66

Q15

3

味噌は乳酸菌と麹による酵素発酵、そして酵母発酵を行っている発酵食品です。

▶P.17

Q16

4

日本酒は並行複発酵という特殊な発酵方法で、麹による糖化と酵母によるアルコール発酵を同時に行っています。

▶P.56

Q17

4

乳酸菌は糖類をエサに乳酸を生成し、酵母菌は糖類をエサにアルコールを生成します。

▶P.18,22

Q18

4

醤油は、大豆と小麦を原料とする醤油麹に食塩水を加え、発酵させた液体です。

▶P.34

Q19
4
基本的には濃口醤油の大豆と小麦の割合は同量です。
▶P.37

Q20
4
淡口醤油は現在でも関西方面で多く生産、消費されています。
▶P.37

Q21
3
醤油は生魚の生臭みを取るため、江戸時代に関東の方で重宝されました。
▶P.34

Q22
2
黒麹菌は酸味のクエン酸を生成するのが特徴です。
▶P.25

Q23
3
醤油には消臭効果があり、「醤油洗い」という料理方法があります。対比効果は、隠し味程度に醤油を入れると甘みが引き立つなどの効果のこと。相乗効果は、醤油のうま味とかつお節のうま味が重なると深いうま味がつくり出される効果のことです。
▶P.34

Q24
2
手前味噌とは、自家製の味噌を自慢することから生まれた言葉です。
▶P.40

Q25
3
大豆と麹が同等の割合で入っているものが十割（10歩）、大豆に対して麹が倍入っているのが二十割（20歩）です。
▶P.43

Q26
2
発酵とは生物の生命活動の一つです。
▶P.12

Q27
2
徳川家康は５種類の葉野菜、３種類の根菜を入れた五菜三根の味噌汁を毎日飲んでいたといわれています。
▶P.111

Q28
3
麹を使った発酵食品には共通していえることですが、コウジ酸による美白効果が期待されます。

▶P.40

Q29
3
甘酒は体力が消耗しているときに処方される点滴と成分が似ているといわれており、飲む点滴、飲む美容液と呼ばれています。

▶P.46

Q30
4
塩麹の製造に重要なのは、塩の種類ではなく塩分濃度です。

▶P.51

Q31
2
江戸時代、甘酒は夏に売られていました。

▶P.49

Q32
4
2011 年頃に塩麹ブームが起こり、家庭でも活用されるようになりました。

▶P.50

Q33
2
塩みりんのアルコール度数は 10 ～ 14% ですが、塩が入っているので酒税法外となり低価格で販売できます。

▶P.65

Q34
4
納豆は夕食に摂取することで、ナットウキナーゼの効果が最大に生かされます。

▶P.66

Q35
1
ひき割り納豆は納豆菌が付着する表面積が多いため、納豆菌による栄養素も高くなります。

▶P.66

Q36
3
大徳寺納豆は京都発祥です。

▶P.67

Q37
2
トリカブトは植物、ソラニンはジャガイモの芽、アミグダリンは杏や桃などの種に含まれる毒です。
▶P.78

Q38
1
三杯酢とは、酢と醤油とみりんを同量ずつ合わせた酢のことです。
▶P.60

Q39
3
ぬか漬けは3種類の発酵菌によりできており、このバランスが崩れると香りが悪くなったり、味が落ちたりします。
▶P.68

Q40
2
これは国税庁により定められている数字です。
▶P.55

Q41
2
20度以上なければ酵母によるアルコール発酵が行われる可能性が高いため、20度以上と決められています。
▶P.22

Q42
2
もろみ酢は麹のクエン酸を利用した商品のため、食酢に含まれません。
▶P.60

Q43
2
人がつくった調味料のなかで、文献による記録がある日本最古のものは、いずみすです。
▶P.112

Q44
1
食酢は原料と製造法で醸造酢と合成酢に分けられます。
▶P.60

Q45
2
甘酒は5～20時間で糖化し、発酵期間は一晩でよいことから「一夜酒」ともいわれます。
▶P.46,47

●参考文献

「発酵マイスター養成講座 公式テキスト」一般社団法人 日本発酵文化協会著、柏木豊監修
「すべてがわかる！「発酵食品」事典」小泉武夫・金内誠・館野真知子監修／世界文化社
「トコトンやさしい 発酵の本　第2版」協和発酵バイオ株式会社編／日刊工業新聞社
「図解でよくわかる 発酵のきほん」舘博監修／誠文堂新光社
「日本の伝統　発酵の科学」中島春紫著／講談社
「発酵」小泉武夫著／中央公論新社
「発酵食品 食材＆使いこなし手帖」岡田早苗監修／西東社
「502品目1590種まいにちを楽しむ 食材健康大事典」五明紀春監修／時事通信出版局

●参考サイト

全国味噌工業協同組合連合会
http://zenmi.jp/

全国食酢協会中央会・
全国食酢公正取引協議会
http://www.shokusu.org/

全国納豆協同組合連合会
http://www.natto.or.jp/

日本うま味調味料協会
https://www.umamikyo.gr.jp/

独立行政法人 酒類総合研究所
https://www.nrib.go.jp/

ビール酒造組合
http://www.brewers.or.jp/

農林水産省
http://www.maff.go.jp/

外務省
https://www.mofa.go.jp/

環境省
http://www.env.go.jp/

一般財団法人 食品産業センター
https://www.shokusan.or.jp/

東京農業大学
http://www.nodai.ac.jp/

丸ごと小泉武夫 食マガジン
http://koizumipress.com/

ふくいドットコム
https://www.fuku-e.com/

国立公文書館
http://www.archives.go.jp/

藍
http://www.japanblue-ai.jp/

伊藤ハム
http://www.itoham.co.jp/

大塚チルド食品
http://www.otsuka-chilled.co.jp/

キッコーマン
http://www.kikkoman.co.jp/

キリン
http://www.kirin.co.jp/

蔵元 玉井味噌
http://www.tamai-miso.net/

九重味淋
https://kokonoe.co.jp/

サッポロビール
http://www.sapporobeer.jp/

佐藤水産
https://www.sato-suisan.co.jp/

しいの食品
http://www.shiino.co.jp/

タケヤみそ
https://www.takeya-miso.co.jp/

マルコメ
https://www.marukome.co.jp/

マルサヤ
http://www.marusaya.co.jp/

三州三河みりん
http://www.mikawamirin.com/

明治
https://www.meiji.co.jp/

恵 megumi
http://www.megumi-yg.com/

ヤマサ醤油
https://www.yamasa.com/

その他、各関係機関・団体のウェブサイト

索引

た

な

監修者

一般社団法人 日本発酵文化協会

2012年4月に設立。
同年よりさらなる日本発酵文化の進展を目指し、
発酵のエキスパートの人材育成を目的に発酵マイスター講座をスタート。
発酵の正しい知識や発酵食の継承、開発、普及を目指し、
発酵に関するさまざまな活動に取り組んでいる。

装丁・ロゴデザイン・本文デザイン：岩城奈々
撮　影：日高奈々子
編　集：土田理奈（omo!）
編集協力：手塚よしこ
写真協力：いしり・いしる生産者協議会
秋田県観光連盟
Shutterstock　PIXTA

発酵検定公式テキスト

2018年7月30日　初版第1刷発行
2024年9月30日　初版第6刷発行

監　修　一般社団法人 日本発酵文化協会
発行者　岩野裕一
発行所　株式会社実業之日本社
〒107-0062　東京都港区南青山6-6-22 emergence 2
電話（編集）03-6809-0452
（販売）03-6809-0495
https://www.j-n.co.jp/
印刷・製本　大日本印刷株式会社

ISBN978-4-408-00915-5（第一趣味）